中国核电安全标识标准化手册

中国核能电力股份有限公司　编著

中国原子能出版社

图书在版编目（CIP）数据

中国核电安全标识标准化手册 / 中国核能电力股份有限公司编著. — 北京 ：中国原子能出版社，2023.12

ISBN 978-7-5221-3300-3

Ⅰ. ①中… Ⅱ. ①中… Ⅲ. ①核安全—安全标志—标准化—中国—手册 Ⅳ. ①TL7-62

中国国家版本馆 CIP 数据核字（2023）第255574号

中国核电安全标识标准化手册

出版发行　中国原子能出版社（北京市海淀区阜成路 43 号　100048）
策划编辑　胡晓彤
责任编辑　胡晓彤　尚佳艺
装帧设计　侯怡璇
责任校对　冯莲凤
责任印制　赵　明
印　　刷　北京中科印刷有限公司
经　　销　全国新华书店
开　　本　787 mm×1092 mm　1/16
印　　张　8.25　　字　　数　160 千字
版　　次　2023 年 12 月第 1 版　2023 年 12 月第 1 次印刷
书　　号　ISBN 978-7-5221-3300-3　　定　　价　98.00 元

网址：http://www.aep.com.cn　　E-mail：atomep123@126.com
发行电话：010-68452845

《中国核电安全标识标准化手册》

编　委　会

前　言

《中共中央 国务院关于推进安全生产领域改革发展的意见》（2016年12月9日）中指出，生产经营单位要深入贯彻习近平总书记系列重要讲话精神和治国理政新理念新思想新战略，进一步增强“四个意识”，紧紧围绕统筹推进“五位一体”总体布局和协调推进“四个全面”战略布局，牢固树立新发展理念，坚持安全发展，坚守发展决不能以牺牲安全为代价这条不可逾越的红线，以防范遏制重特大生产安全事故为重点，坚持安全第一、预防为主、综合治理的方针，加强改革创新、协调联动、齐抓共管，强化企业预防措施，定期开展风险评估和危害辨识，大力推进企业安全生产标准化建设，实现安全管理，以及操作行为、设备设施和作业环境的标准化，建立分级管控制度，提升现代信息技术与安全生产融合度，统一标准规范，加快安全生产信息化建设，构建安全生产与职业健康信息化全国“一张网”。安全设施标识标准化是电力企业安全质量标准活动的一项重要内容。实践证明，完善和规范的辐射防护标识、工业安全标识、消防标识及保卫标识可以对人员进行醒目提示，在避免违章、防范事故等方面能够发挥重要的作用。

目前，中国核能电力股份有限公司（以下简称中国核电）所属各核电厂的安全设施标识的内容、式样、颜色和材料等都各不相同，没有形成统一标准，不易于不同核电厂工作人员和承包商及时、有效辨识。为规范中国核电所属运行核电厂安全设施标识标准化管理，并为后续新建核电厂安全设施标识的规范使用提供有效的指导，中国核电组织成立了“共管委辐射防护、工业安全标识标准化工作组”（以下简称“工作组”）。“工作组”组织各核电厂专业技术人员，在总结多年生产经验的基础上，系统提炼了核电厂辐射防护标识、工业安全标识、消防标识及保卫标识的设计、制作和配置要求，编写了《中国核电安全标识标准化手册》。本手册编制的主要目的是指导和规范中国核电所属核电厂的安全设施标识的制作与使用，也将对提升中国核电企业标识认知和企业文化起到促进作用。

《中国核电安全标识标准化手册》分为辐射防护、工业安全、消防和保卫四个部分，由核动力运行研究所负责统筹协调，中核核电运行管理有限公司、福建福清核电有限公司、江苏核电有限公司、三门核电有限公司、海南核电有限公司、中核辽宁核电有限公司、中核国电漳州能源有限公司、中核霞浦核电有限公司在手册修订过程中提出了宝贵意见。在此谨向以上单位表示敬意和衷心的感谢。

目　录

1 概 况

《中国核电安全标识标准化手册》（以下简称“本手册”）在参考国家标准和行业标准的基础上，紧密结合中国核电所属各核电厂辐射防护、工业安全、消防和保卫等领域的管理实践，较为详细地介绍了各个领域安全标识的适用场所、主要内容、推荐尺寸、字体和材质等，同时给出了具体图例。本手册的成果可作为中国核电所属各核电厂实施辐射防护、工业安全、消防和保卫等领域安全标识标准化工作的指导和依据。核电厂工作人员应正确识别本手册中各种标识的含义及其适用范围，及时、准确地辨识这些标识。

中国核电下属成员单位应参照本手册实施辐射防护、工业安全、消防和保卫等领域的安全标识管理。

2 引用文件

GB 2893—2020	图形符号、安全色和安全标志
GB 2894—2008	安全标志及其使用导则
GB 18871—2002	电离辐射防护与辐射源安全基本标准
GB 11806—2019	放射性物质安全运输规程
GB 15630—1995	消防安全标志设置要求
GB 13495.1—2015	消防安全标志
XF 480—2023	消防安全标志牌
GB 5768—2022	道路交通标志和标线
GBZ 158—2003	工作场所职业病危害警示标识
GA 1800.6—2021	电力系统治安反恐防范要求第 6 部分——核能发电企业

3 术语和定义

1. 安全标志：用以表达特定安全信息的标志，由图形符号、安全色、几何形状（边框）或文字构成。

2. 安全色：传递安全信息含义的颜色，包括红、蓝、黄、绿四种颜色。

3. 禁止标志：禁止人们不安全行为的图形标志。

4. 警告标志：提示人们对周围环境引起注意，以避免可能发生危险的图形标志。

5. 指令标志：强制人们必须做出某种动作或采取防范措施的图形标志。

6. 提示标志：向人们提供某种信息（如表明安全设施或场所等）的图形标志。

7. 说明标志：向人们提供特定提示信息（表明安全分类或防护措施等）的标记，由几何图形边框和文字构成。

8. 环境信息标志：所提供的信息涉及较大区域的图形标志，标志种类代号为 H。

9. 局部信息标志：所提供的信息只涉及某地点，甚至某个设备或部件的图形标志，标志种类代号为 J。

10. 观察距离：观察者眼睛至标识中心点的距离。在本标准中，观察距离用字母 L 表示（相关设置要求参照附录 A 和 B）。

4 总 则

4.1 通用原则

（1）安全标识形状、颜色、格式、设置应符合相应国家标准的要求。

（2）安全标识要能正确传递安全相关信息，因此，图形、符号、颜色和文字等内容均应简洁、明确、易懂，应避免出现标志内容相互矛盾、重复的现象。尽量用最少的标识把必需的信息表达清楚。

（3）安全标识应采用坚固耐用的材料制作，如 PVC、不锈钢或铝材材料，禁止使用遇水或环境温度 60 ℃即发生变形、变质或易燃的材料，但材质选择必须符合核电厂厂房管理要求；有触电危险的作业场所应使用绝缘材料；制作材料的燃烧性能应符合使用场所的防火要求。

（4）安全标识外表面应光洁，易去污；标志牌应图形清楚，无毛刺、尖角、破损和影响使用的任何瑕疵。

（5）标志牌应设置在醒目的位置、明亮的环境中，并使工作人员看见后，有足够的时间来注意它所标示的内容。

（6）标志牌不应设在窗、架等可移动的物体上，以免这些物体位置移动后，看不见安全标识。标志牌前不得放置妨碍认读的障碍物。标志牌应牢固安装。

（7）标志牌的设置方式可以根据现场情况采用悬挂、支架、插牌和张贴等方式，其高度一般应尽量与人眼的视线高度相一致。悬挂式和柱式的标志牌的下缘距地面的高度不宜小于 1.5 m；牢固安装和柱式的标志牌的下缘距地面的高度不宜小于 2 m；设备本体上粘贴的信息标志的设置高度应视具体情况确定。

（8）标志牌的平面与视线夹角应接近 90°，观察者位于最大观察距离时，最小夹角不低于 75°。确实不具备安装条件的，可根据现场实际情况而定。

(9) 多个标志牌在一起设置时，应按警告、禁止、指令、提示类型的顺序，先左后右、先上后下地排列。

(10) 标志牌的固定方式分为附着式、悬挂式和柱式三种，附着式、悬挂式的固定应稳固不倾斜，柱式的标志牌和支架应牢固地连接在一起。临时悬挂标志牌应采取防脱落措施，室外悬挂的标志牌应固定牢靠。

(11) 方向辅助标识应设置在公众选择方向的通道处，并接通向目标的最短路线设置。

(12) 凡有明显的或潜在危险存在的地方，根据危险程度不同，除设置必要的安全防护措施外，还必须设立安全警示标识。

4.2 色彩通用准则

安全基本色彩

红色 cmyk 0/100/100/0	绿色 cmyk 100/0/100/0	蓝色 cmyk 100/100/0/0
黄色 cmyk 0/0/100/0	黑色 cmyk 0/0/0/100	白色 cmyk 0/0/0/0

辅助色彩

深绿 cmyk 20/0/0/80	褐色 cmyk 0/20/20/0	橘红 cmyk 0/60/100/0
深黄 cmyk 0/20/100/0	天蓝 cmyk 100/20/0/0	紫色 cmyk 20/80/0/20

对比色彩

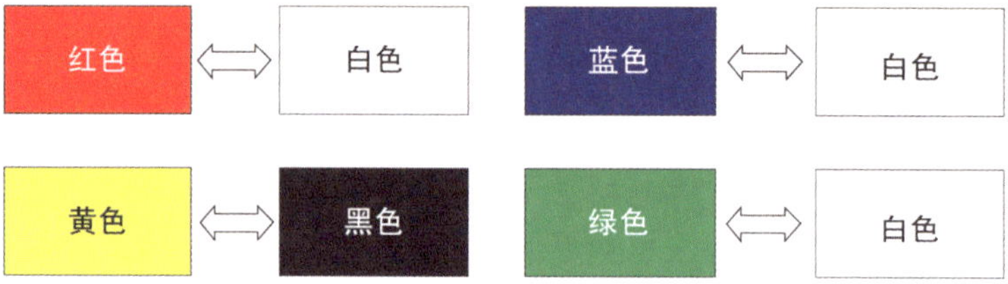

5 辐射防护标识

5.1 电离辐射标志

电离辐射的标志如图 5.1-1 所示。在放射源容器的外表面，以及内嵌放射源的仪器、设备、装置的外表面，应当设置此标志。

5.2 电离辐射警告标志

电离辐射的警告标志如图 5.2-1 所示。警告标志的含义是使人们注意可能发生的危险。其背景为黄色，正三角形边框及电离辐射标志图形均为黑色，“当心电离辐射”用黑色粗等线体字。正三角形外边 $a_1=0.034L$，内边 $a_2=0.700a_1$，L 为观察距离。

在放射源库，新燃料临时存放场所、临时辐射控制区等需要提示人们当心电离辐射危险的场所，应当设置此标志。

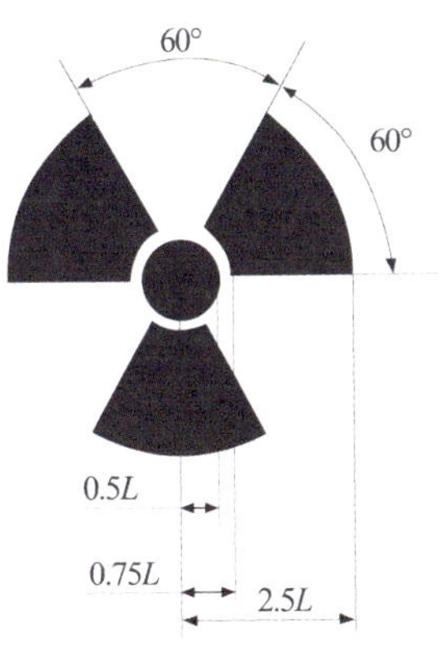

图 5.1-1 电离辐射标志

图 5.2-1 电离辐射警告标志

5.3 标识牌

5.3.1 高辐射危害警示牌（禁止）

5.3.1.1 说明

• 适用场所：在高辐射风险场所入口应设置此警示牌。

• 内容：应包含“未经授权严禁靠近”等信息，辐射防护人员可依据现场情况补充填写相关警示信息。

• 尺寸：300 mm×420 mm。

• 材料建议：铝合金贴反光膜。

• 颜色：底红色，文字、图案、线条均为白色。

• 字体：黑体（120 pt、70 pt）。

5.3.1.2 示例

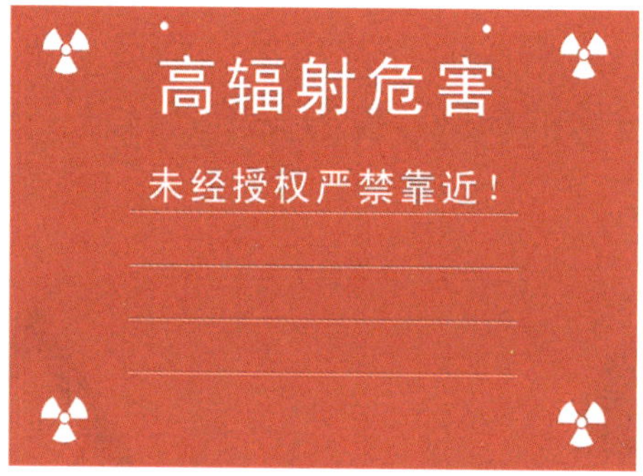

图 5.3-1 高辐射危害警示牌

5.3.2 射线探伤警示牌（禁止）

5.3.2.1 说明

• 适用场所：对于射线探伤作业，作业单位应当按照有关要求对射线作业区域进行隔离，并在隔离边界入口处设置此标牌。该标牌表示射线探伤正在进行中，严禁任何人员入内。

• 内容：应包含“射线探伤严禁入内”的信息。

• 尺寸：300 mm×420 mm。

• 材料建议：PVC 贴反光膜。

• 颜色：底红色，文字、图案、线条为白色。

• 字体：黑体（140 pt）。

5.3.2.2 示例

图 5.3-2 射线探伤警示牌

5.3.3 电离辐射热点警告牌（警告）

5.3.3.1 说明

•适用场所：用于标识辐射控制区内的放射性热点设备或管道，避免工作人员在不知情的情况下靠近热点设备或管道，遭受不合理的照射。可分为电离辐射热点警告牌和放射性热点管道警告牌两类。

•电离辐射热点警告牌和放射性热点管道警告牌悬挂区域避免使用黄色材料，或底色增加对比色，以免出现视觉混淆。

•放射性热点管道警告牌应明确管线为热点的信息和管道的延伸方向。

•电离辐射热点警告牌如图 5.3-3 所示。

—内容：应包含热点的辐射水平、测量人员、测量时间等内容。

—尺寸：300 mm×420 mm。

—材料建议：铝合金贴反光膜。

—颜色：底为黄色，文字、图案、线条均为黑色。

—字体：黑体（100 pt、70 pt）。

•放射性热点管道警告牌如图 5.3-4 所示。

—由于管道辐射水平分布普遍不均匀，本警告牌不用填写辐射水平信息。

—尺寸：200 mm×75 mm。

—材料建议：铝合金贴反光膜。

—颜色：底为黄色，文字、图案、线条均为黑色。

—字体：黑体（42 pt）。

5.3.3.2 示例

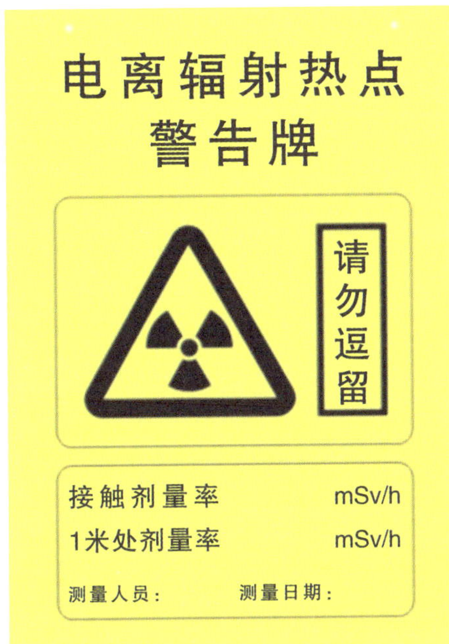

图 5.3-3 电离辐射热点警告牌

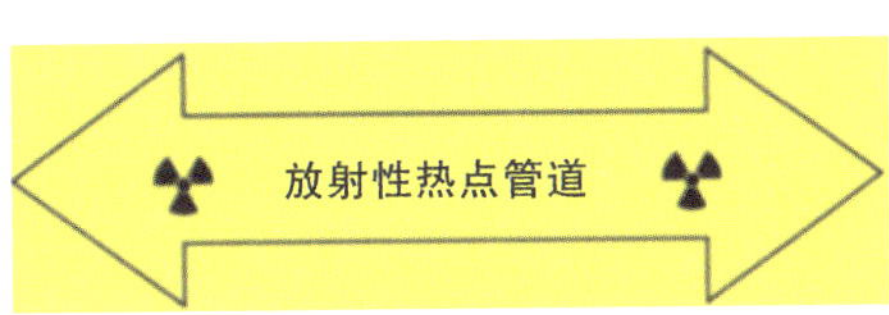

图 5.3-4 放射性热点管道警告牌

5.3.4 屏蔽外辐射防护信息标识牌（警告）

5.3.4.1 说明

• 适用场所：用于实施屏蔽后的剂量率信息警示。

• 内容：应包含屏蔽内接触剂量率、屏蔽外辐射水平、测量人员和测量日期等辐射信息内容。

• 尺寸：300 mm×220 mm。

• 材料建议：金属材质，标牌表面使用易书写、擦除的材质，标牌上方需打孔。

• 颜色：底黄色，文字、图案、线条为黑色。

• 字体：黑体（120 pt、70 pt、30 pt）。

5.3.4.2 示例

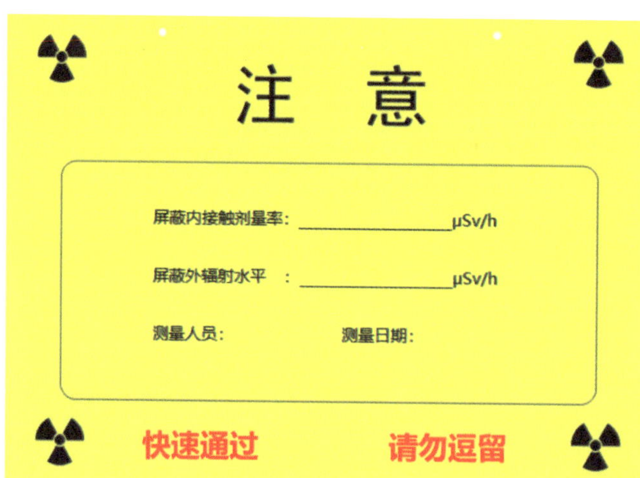

图 5.3-5 屏蔽外辐射防护信息标识牌

5.3.5 辐射危险注意标识牌（警告）

5.3.5.1 说明

• 适用场所：在需要提醒工作人员注意辐射危害的场所，应悬挂此标识牌。

• 内容：应包含辐射防护注意事项，由辐射防护人员依据现场情况填写。

• 尺寸：300 mm×420 mm。

• 材料建议：铝合金贴反光膜。

• 颜色：底黄色，文字、图案、线条为黑色。

• 字体：黑体（120 pt）。

5.3.5.2 示例

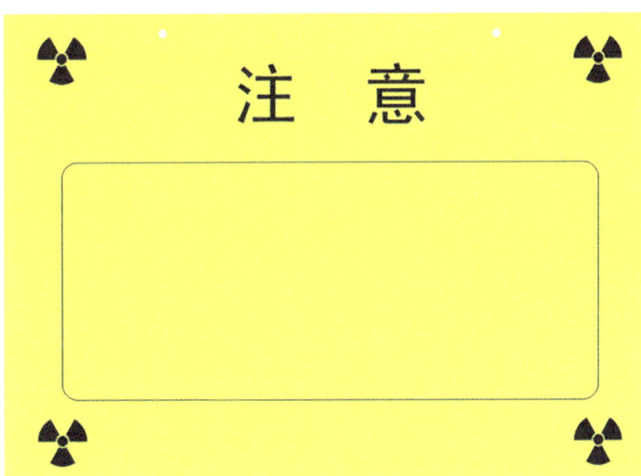

图 5.3-6 辐射危险注意标识牌

5.3.6 负压棚标识牌（警告）

5.3.6.1 说明

• 适用场所：标准的负压棚搭设完毕并经验收合格后应悬挂此标识牌。

• 内容：应包括作业的名称、作业负责人和验收人员等信息。

• 尺寸：300 mm×420 mm。

• 材料建议：铝合金贴反光膜。

• 颜色：底黄色，文字、图案、线条为黑色。

• 字体：黑体（120 pt、45 pt）。

5.3.6.2 示例

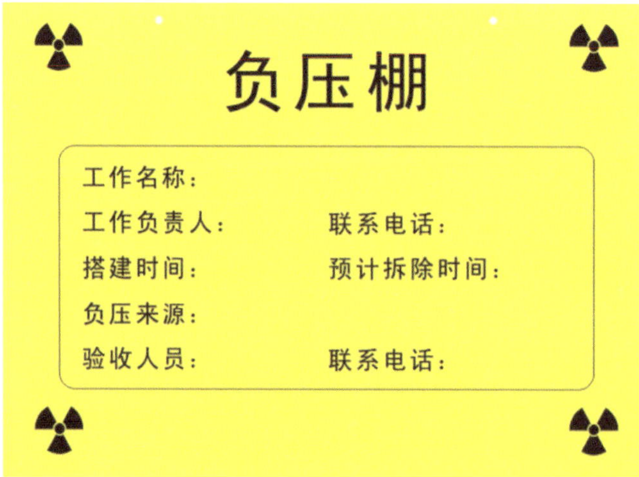

图 5.3-7　负压棚标识牌

5.3.7 放射源存放间标识牌（警告）

5.3.7.1 说明

• 适用场所：用于厂内放射源存放地的警示，提示人们当心房间内可能存在电离辐射危险。

• 内容：包含电离辐射警告标志及“当心电离辐射”等信息。

• 尺寸：300 mm×420 mm。

• 材料建议：铝合金贴反光膜。

• 颜色：底黄色，文字、图案、线条为黑色。

• 字体：黑体（125 pt、60 pt）。

5.3.7.2 示例

图 5.3-8 放射源存放间标识牌

5.3.8 放射性废物暂存点标识牌（警告）

5.3.8.1 说明

• 适用场所：在辐射控制区内放射性技术废物收集分拣点及放射性废物桶暂存点，应当设置此标识牌。

• 内容：一般应包含辐射防护提示“请勿存放非放废物”等信息。

• 尺寸：300 mm×420 mm。

• 材料建议：铝合金贴反光膜。

• 颜色：底黄色，文字、图案、线条为黑色。

• 字体：黑体（110 pt、80 pt）。

5.3.8.2 示例

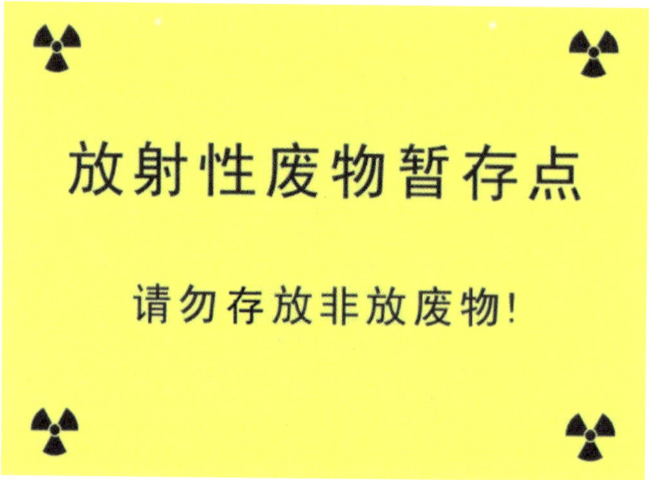

图 5.3-9　放射性废物暂存点标识牌

5.3.9　重水开口作业标识牌（警告）

5.3.9.1　说明

• 适用场所：在重水相关系统进行开口作业时应悬挂此标识牌。

• 内容：应包括辐射防护提示、开口前后的氚水平、γ辐射水平、松散污染水平、测量人员、测量日期及联系电话等内容。

• 尺寸：300 mm×420 mm。

• 材料建议：铝合金贴反光膜。

• 颜色：底黄色，文字、图案、线条为黑色。

• 字体：黑体（100 pt、60 pt、45 pt）。

5.3.9.2　示例

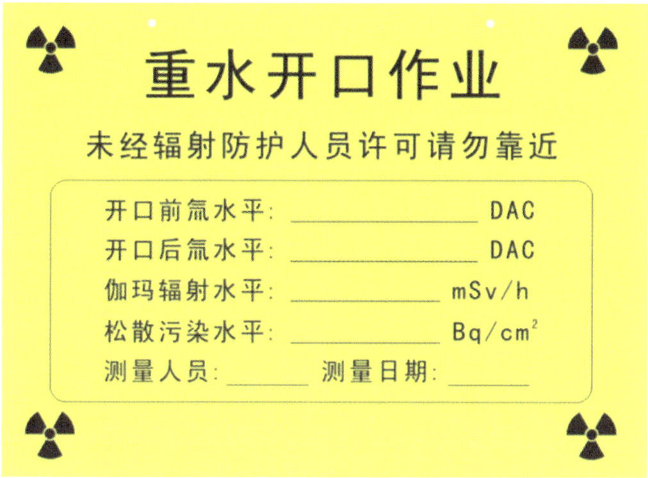

图 5.3-10　重水开口作业标识牌

5.3.10 辐射分区标识牌（指令）

5.3.10.1 说明

• 适用场所：在辐射控制区内部除绿区外的子区入口处，应当设置此标识牌。在范围较大的子区内部，还应在显眼位置增设此标识牌。

• 内容：一般应包含子区区域等级、辐射水平和防护要求等内容。

—“区域等级”用于标识该子区的分区状况，采用标识图案标明分区所属的子区类别。

—“辐射水平”显示分区的环境剂量率水平，该数据需注明测量人员和测量日期。

—“防护要求”用于向进入该分区的工作人员进行风险提示和提出防护建议。

—“区域等级”“辐射水平”“防护要求”标识可为插牌。

• 辐射分区标识牌底牌如图 5.3-11 所示。

—尺寸：300 mm×420 mm。

—材料建议：PVC 贴反光膜。

—颜色：标识牌底蓝色，图案、文字、线条为白色。

—字体：黑体（86 pt、48 pt）。

• 辐射分区标识牌插牌如图 5.3-12 所示。

—尺寸：83 mm×115 mm。

—材料建议：PVC。

—颜色：图案、文字、线条的颜色见图 5.3-12。

—字体：黑体（48 pt、30 pt、24 pt）。

5.3.10.2 示例

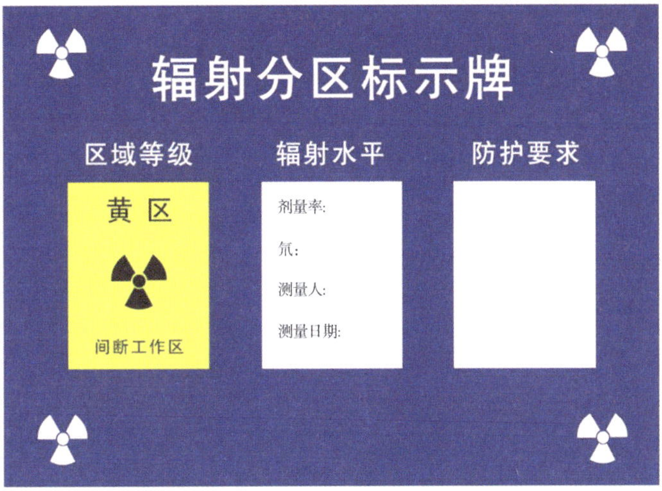

图 5.3-11 辐射分区标识牌（氚的辐射水平为重水堆机组使用）

图 5.3-12 辐射子区插牌图案

5.3.11 辐射控制区边界标识牌（指令）

5.3.11.1 说明

•适用场所：辐射控制区所有边界门上（内外两侧）应当设置此标识牌。

•内容：应包含“人员、物品进出此边界，需经辐射防护部门许可”等辐射信息。

•尺寸：300 mm×420 mm。

•材料建议：铝合金贴反光膜。

•颜色：底为蓝色，文字、图案、线条为白色。

•字体：黑体（100 pt、80 pt）。

5.3.11.2 示例

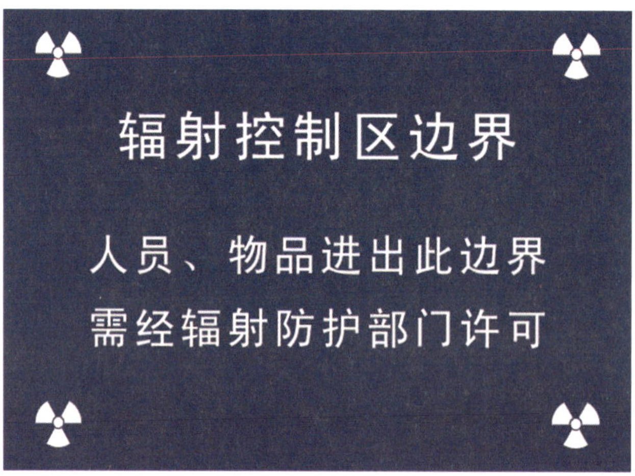

图 5.3-13　辐射控制区边界标识牌

5.3.12 进入辐射控制区标识牌（指令）

5.3.12.1 说明

• 适用场所：用于辐射控制区出入口，在其入口张贴此标识牌。
• 内容：包含辐射控制区内的基本要求和注意事项。
• 尺寸：300 mm×420 mm。
• 材料建议：铝合金贴反光膜。
• 颜色：底为蓝色，文字、图案、线条为白色。
• 字体：黑体（70 pt、30 pt）。

5.3.12.2 示例

图 5.3-14 进入辐射控制区标识牌

5.3.13 放射性污染标识牌（指令）

5.3.13.1 说明

• 适用场所：任何工作场所，无论是否在辐射控制区内，只要发现放射性污染且不能立即实施去污的，都应当进行隔离，并在隔离区域入口处设置此标识牌。

• 内容：包括“污染形式”“进入需穿戴的附加防护用品”等信息。

—“污染形式”用于指明该隔离区域内放射性污染涉及的空间和介质，如地面污染、设备污染、管道污染、墙面污染和空气污染等。

—“进入需穿戴的附加防护用品”用于提示工作人员在进入隔离区域前应穿戴好相应的附加防护用品。

• 尺寸：300 mm×420 mm。

• 材料建议：铝合金贴反光膜。

• 颜色：底为蓝色，文字、图案、线条为白色。

• 字体：黑体（86 pt、48 pt、24 pt）。

5.3.13.2 示例

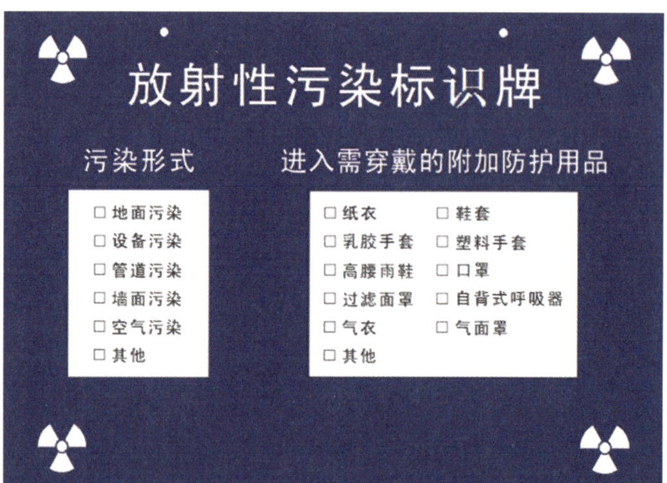

图 5.3-15 放射性污染标识牌

5.3.14 放射性物品存放点标识牌（指令）

5.3.14.1 说明

• 适用场所：辐射控制区内长期存放放射性物品的区域应设置此标识。

• 内容：应包含存放区域边界剂量率、测量日期、责任部门及人员、联系电话，以及辐射防护要求等信息。

• 尺寸：300 mm×420 mm。

• 材料建议：铝合金贴反光膜。

• 颜色：底为蓝色，文字、图案、线条为白色。

• 字体：黑体（86 pt、48 pt、24 pt）。

5.3.14.2 示例

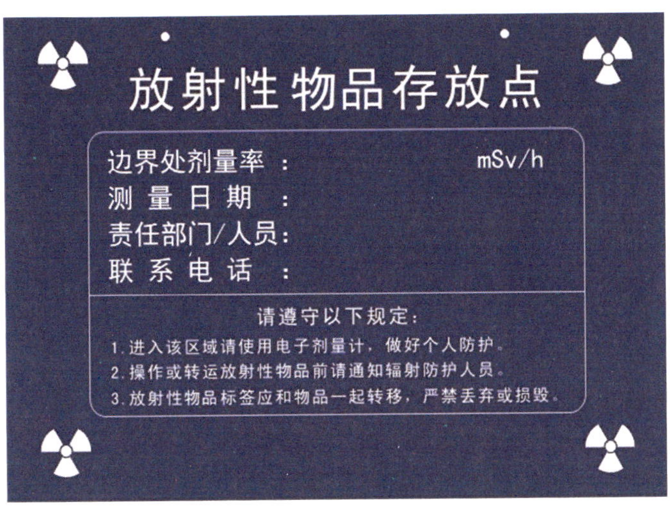

图 5.3-16 放射性物品存放点标识牌

5.3.15 辐射监督区边界标识牌（指令）

5.3.15.1 说明

• 适用场所：在辐射监督区边界入口应当设置此标识牌。

• 内容：应包含电离辐射标志、“监督区”等辐射防护信息，以表明进入此区域即为进入辐射监督区。

• 尺寸：300 mm×420 mm。

• 材料建议：铝合金贴反光膜。

• 颜色：底为蓝色，文字、图案、线条为白色。

• 字体：黑体（140 pt）。

5.3.15.2 示例

图 5.3-17 辐射监督区边界标识牌

5.3.16 复杂区域辐射信息标识牌（指令）

5.3.16.1 说明

• 适用场所：辐射控制区内复杂区域的辐射水平信息提示。

• 内容：应包含电离辐射标志、复杂区域简图、辐射测点和位置标记、辐射数据、测量时间，以及辐射提示信息等。

• 尺寸：底牌 300 mm×420 mm；辐射信息栏数据插牌 120 mm×180 mm。

• 材料建议：铝合金贴反光膜，标牌表面使用易书写、擦除的材质。

• 颜色：底牌为蓝色，文字、图案、线条为白色；辐射信息栏采用白底黑字，测点和位置标记红底黄字；

• 字体：底牌黑体（86 pt、48 pt）；辐射信息栏黑体（按需）。

5.3.16.2 示例

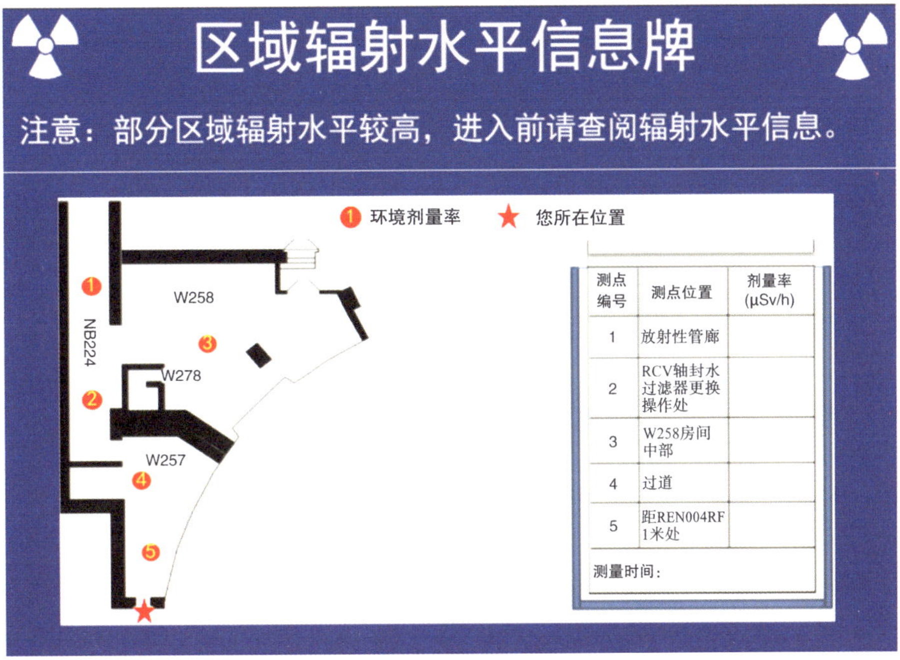

图 5.3-18 复杂区域辐射信息标识牌

5.3.17 低剂量等待区标识牌（提示）

5.3.17.1 说明

•适用场所：在高辐射工作场所附近存在的环境剂量率明显低且没有放射性污染的位置，可设置此标识牌。工作人员在工作过程中可在此待命。

•内容：应包含“低剂量等待区，可在此进行工作准备或待命”等信息。

•尺寸：300 mm×420 mm。

•材料建议：铝合金贴反光膜。

•颜色：底为绿色，文字、图案、线条为白色。

•字体：黑体（140 pt、60 pt）。

5.3.17.2 示例

图 5.3-19 低剂量等待区标识牌

5.3.18 射线探伤告示牌（提示）

5.3.18.1 说明

• 适用场所：射线探伤作业许可审批生效后，应当及时在相关工作的主要出入口设置此告示牌，用于提前告知现场工作人员，合理安排现场工作，避免与已批准的射线探伤工作相冲突。

• 内容：应包含射线探伤告示牌名称、电离辐射标志及“多谢留意敬请转告”提示等内容，射线探伤信息采取粘贴、插槽等形式设置在告示牌上。

• 尺寸：

—竖版 300 mm×420 mm、横版 420 mm×300 mm。

—如不同省份对于告示牌尺寸有具体规定，可根据电厂属地省份相关要求确定告示牌尺寸。

• 材料建议：不锈钢（双色板）贴反光膜。

• 颜色：底为绿色，文字、图案、线条为白色。

• 字体：黑体（85 pt、45 pt），字体大小可根据标牌尺寸做适应性调整。

5.3.18.2 示例

图 5.3-20 射线探伤告示牌

5.4 隔离带

5.4.1 射线探伤隔离带

5.4.1.1 说明

• 适用场所：对于射线探伤作业，无实体隔离区域用此标志设置隔离边界。该隔离带表示，此内区域正在进行射线探伤，未经许可，不得入内。

• 内容：应包含电离辐射标志、“射线探伤禁止入内”等信息。

• 尺寸：宽度 70 mm，长度按需，相邻电离辐射标志间距 500 mm。

• 材料建议：0.06 mm 厚低密度聚乙烯。

• 颜色：隔离带底红色，文字、图案、线条为白色。

• 字体：黑体（70 pt）。

5.4.1.2 示例

图 5.4-1 射线探伤隔离带

5.4.2 辐射防护隔离带

5.4.2.1 说明

• 适用场所：建立临时辐射控制区、污染隔离区等辐射防护控制区域时，应当设置此隔离带进行区域隔离。该隔离带表示，隔离区域以内存在辐射风险，未经许可不得入内。

• 内容：隔离带包含电离辐射标志、“辐射隔离区域、未经许可禁止入内”等辐射防护信息。

• 尺寸：宽度 70 mm，长度按需，相邻电离辐射标志间距 500 mm。

• 材料建议：0.06 mm 厚低密度聚乙烯。

• 颜色：隔离带底红色，文字、图案、线条为白色。

• 字体：黑体（70 pt）。

5.4.2.2 示例

图 5.4-2 辐射防护隔离带

5.4.3 污染隔离区胶带

5.4.3.1 说明

• 适用场所：建立污染隔离区时，应当使用此隔离带进行区域隔离。该隔离带表示隔离区域以内存在表面松散污染，未进行必要的污染防护，不得入内。

• 内容：隔离带包含“污染隔离区”等辐射防护信息。

• 尺寸：宽度 70 mm，长度按需。

• 材料建议：不粘胶粘贴。

• 颜色：隔离带底为斜 45°黄紫间条图案，文字为黑底白边。

• 字体：黑体（65 pt）。

5.4.3.2 示例

图 5.4-3 污染隔离区胶带

5.5 标签

5.5.1 放射性废物桶标签（黄）

5.5.1.1 说明

• 适用场所：在盛装有放射性废物且最大表面剂量率小于 2 mSv/h 的水泥桶、金属桶表面应当张贴此标签。使用时在相应的废物类型选项前“□”中打“√”并填写标签中所示各项。

• 内容：标签包含废物类别、主要核素、比活度、接触剂量率、1 米处剂量率、表面污染水平、总重量、测量日期和货包序列号等内容。

• 尺寸：200 mm×130 mm。

• 材料：不粘胶粘贴。

• 颜色：标签顶框底黄色，其余底白色，文字、图案、线条为黑色。

• 字体：黑体（30 pt、14 pt、10 pt）。

5.5.1.2 示例

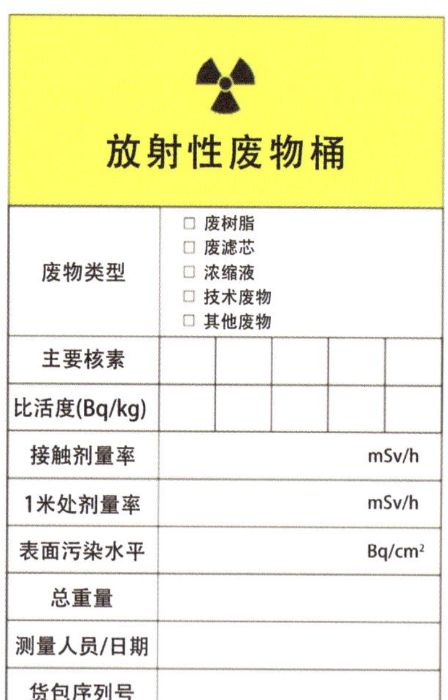

放射性废物桶

废物类型	□ 废树脂 □ 废滤芯 □ 浓缩液 □ 技术废物 □ 其他废物				
主要核素					
比活度(Bq/kg)					
接触剂量率	mSv/h				
1米处剂量率	mSv/h				
表面污染水平	Bq/cm²				
总重量					
测量人员/日期					
货包序列号					

图 5.5-1　放射性废物桶标签（黄）

5.5.2　放射性废物桶标签（橙）

5.5.2.1　说明

• 在盛装有放射性废物且最大表面剂量率大于等于 2mSv/h 的水泥桶、金属桶表面应当张贴此标签。使用时在相应的废物类别选项前“□”中打“√”并填写标签中所示各项。

• 内容：标签包含废物类别、主要核素、比活度、接触剂量率、1 米处剂量率、表面污染水平、总重量、测量日期和货包序列号等内容。

• 尺寸：200 mm×130 mm。

• 材料：不粘胶粘贴。

• 颜色：标签顶框底橙色，其余底白色，文字、图案、线条为黑色。

• 字体：黑体（30 pt、14 pt、10 pt）。

5.5.2.2　示例

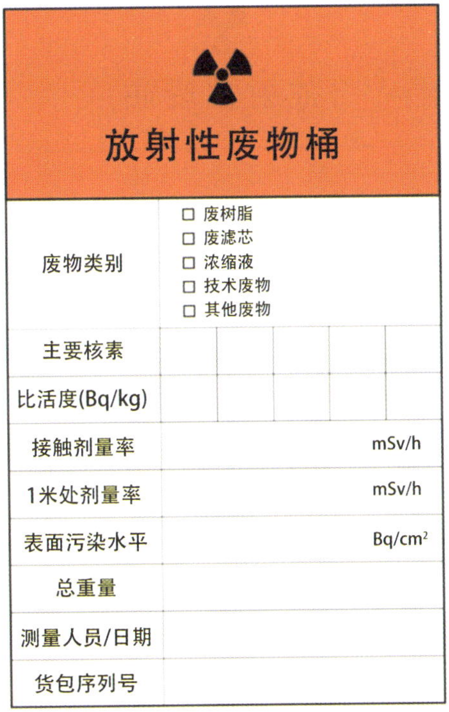

图 5.5-2　放射性废物桶标签（橙）

5.5.3 放射性废油收集桶标签

5.5.3.1 说明

• 适用场所：在盛装了放射性放废油的收集桶表面应当张贴此标签。

• 内容：标签包含接触剂量率、1 米处剂量率、表面污染水平、测量人员和测量日期等内容。

• 尺寸：200 mm×130 mm。

• 材料：不粘胶粘贴。

• 颜色：标签顶框底黄色，其余底白色，文字、图案、线条为黑色。

• 字体：黑体（30 pt、14 pt）。

5.5.3.2 示例

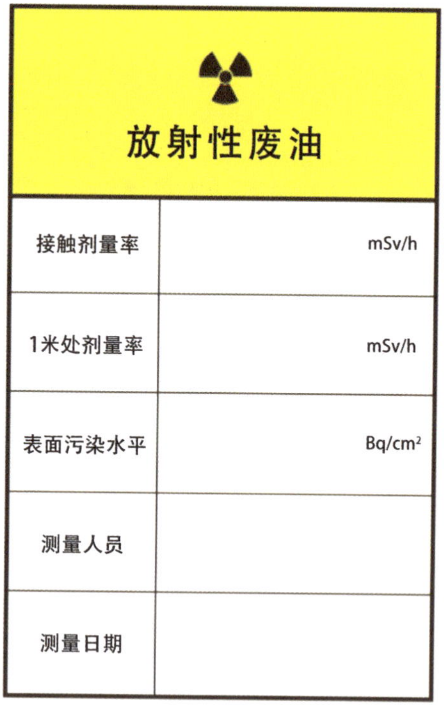

图 5.5-3 放射性废油收集桶标签

5.5.4　可压缩放射性废物包装袋标签

5.5.4.1　说明

• 适用场所：在盛装了可压缩放射性废物的废物收集袋表面应当张贴此标签。使用时在相应的废物类别选项前“□”中打“√”并填写标签中所示各项。

• 内容：标签包含废物类别、接触剂量率、1 米处剂量率、测量人员和日期等内容。

• 尺寸：200 mm×130 mm。

• 材料：不粘胶粘贴。

• 颜色：标签顶框底黄色，其余底白色，文字、图案、线条为黑色。

• 字体：黑体（30 pt、14 pt）。

5.5.4.2　示例

可压缩放射性废物		
废物类别	□纸衣 □塑料手套 □塑料鞋套 □乳胶手套 □口罩	□气衣 □气面罩 □纸帽 □鞋套 □其他
接触剂量率	mSv/h	
1米处剂量率	mSv/h	
表面污染水平	Bq/cm^2	
测量人员		
测量日期		

图 5.5-4　可压缩放射性废物包装袋标签

5.5.5 不可压缩放射性废物包装袋标签

5.5.5.1 说明

• 适用场所：在盛装了不可压缩放射性废物的废物收集袋表面应当张贴此标签。使用时在相应的废物类别选项前“□”中打“√”并填写标签中所示各项。

• 内容：标签包含废物类型、接触剂量率、1 米处剂量率、测量人员和日期等内容。

• 尺寸：200 mm×130 mm。

• 材料：不粘胶粘贴。

• 颜色：标签顶框底黄色，其余底白色，文字、图案、线条为黑色。

• 字体：黑体（30 pt、14 pt）。

5.5.5.2 示例

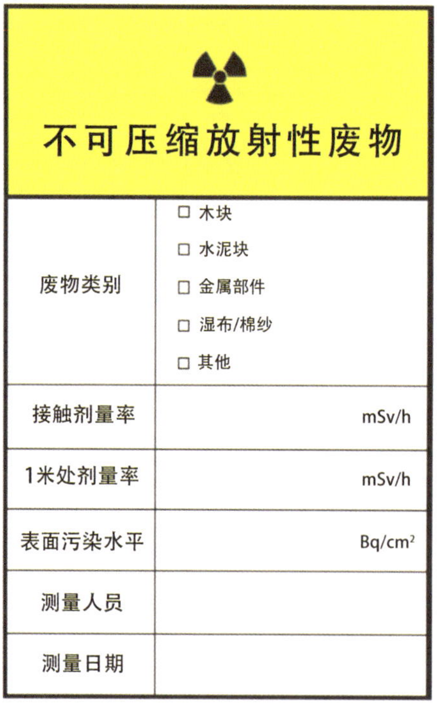

图 5.5-5 不可压缩放射性废物包装袋标签

5.5.6　待去污物品包装袋标签

5.5.6.1　说明

• 适用场所：在盛装了待去污物品的收集袋的表面应当张贴此标签。使用时填写标签中所示各项。

• 内容：标签包含内容物说明、接触剂量率、1 米处剂量率、表面污染水平、内容物说明、测量人员、测量日期、联系人和联系电话等内容。

• 尺寸：200 mm×130 mm。

• 材料：不粘胶粘贴。

• 颜色：标签顶框底黄色，其余底白色，文字、图案、线条为黑色。

• 字体：黑体（30 pt、14 pt）。

5.5.6.2　示例

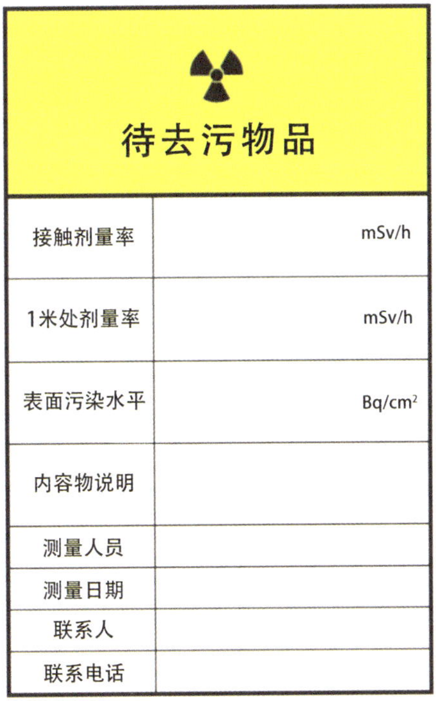

图 5.5-6　待去污物品包装袋标签

5.5.7 物项污染水平标签

5.5.7.1 说明

• 适用场所：去污后仍然存在放射性污染的物项表面或者包装袋表面须张贴此标识。使用时填写标签中所示各项。

• 内容：标签内容一般包含申请编号、物项名称、松散污染水平、接触剂量率、测量人员和测量日期等信息。

• 尺寸：200 mm×130 mm。

• 材料：不粘胶粘贴。

• 颜色：标签顶框底黄色，其余底白色，文字、图案、线条为黑色。

• 字体：黑体（45 pt、16 pt）。

5.5.7.2 示例

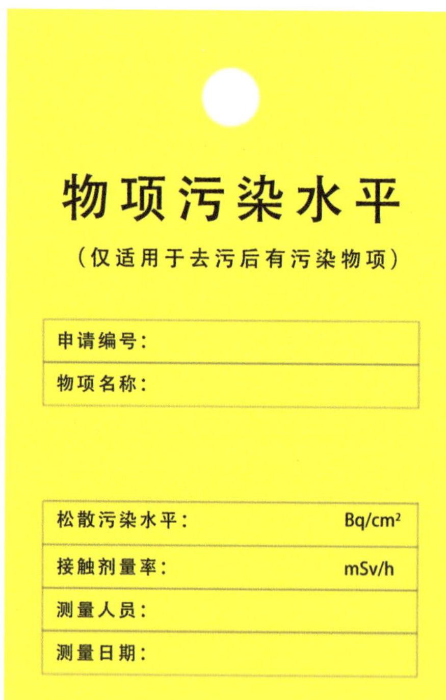

图 5.5-7 物项污染水平标签

5.5.8 放射性物品标签

5.5.8.1 说明

• 适用场所：辐射控制区内包装完毕的放射性物品外表面须张贴此标识。

• 内容：标签内容一般包含物品名称、表面污染水平、接触剂量率、1米处剂量率、携带人员、联系电话、RP人员许可、存放地及辐射防护建议等内容。

• 尺寸：200 mm×130 mm。

• 材料：不粘胶粘贴。

• 颜色：标签顶框底黄色，其余底白色，文字、图案、线条为黑色。

• 字体：黑体（30 pt、14 pt、10 pt）。

5.5.8.2 示例

放射性物品	
标签编号	
材料名称	
表面污染水平	Bq/cm²
接触剂量率	mSv/h
1米处剂量率	mSv/h
携带人员	
联系电话	
RP人员许可	
存放场所	
防护建议	□密封包装，未经PR人员同意，严禁打开。 □指定专门区域存放，隔离存放区域并标识。 □进入存放区域，必须佩戴个人剂量监测设备。

图 5.5-8 放射性物品标签

5.5.9 放射性货包运输标签

5.5.9.1 说明

• 适用场所：用于厂外运输的放射性货包（Ⅰ、Ⅱ、Ⅲ级）应当张贴此标签。

• 内容：标签内容按照放射性物品运输的国家标准执行。

• 尺寸：按照国家标准 GB 11806—2019《放射性物品安全运输规程》中要求。

• 材料：不粘胶粘贴。

• 颜色：标签的级别竖条为红色，文字、图案、线条为黑色。Ⅰ级标签底白色，Ⅱ、Ⅲ级标签上部底黄色，下部底白色。

• 字体：黑体（45 pt、14 pt）。

5.5.9.2 示例

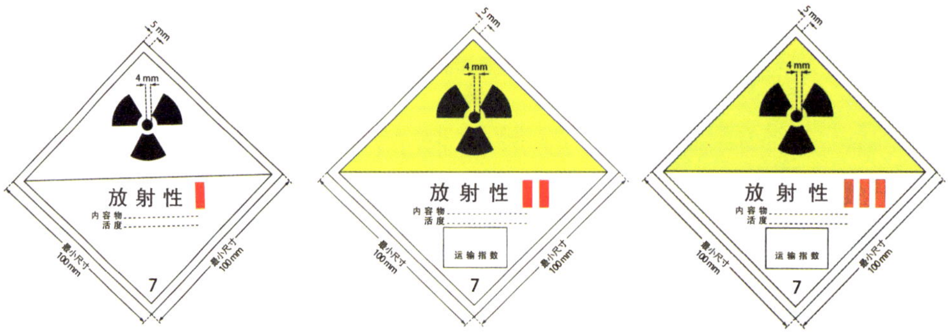

图 5.5-9 放射性货包运输标签

5.6　辐射防护标识标准化框架图

中国核电辐射防护标识标准化框架图如图 5.6-1 所示。

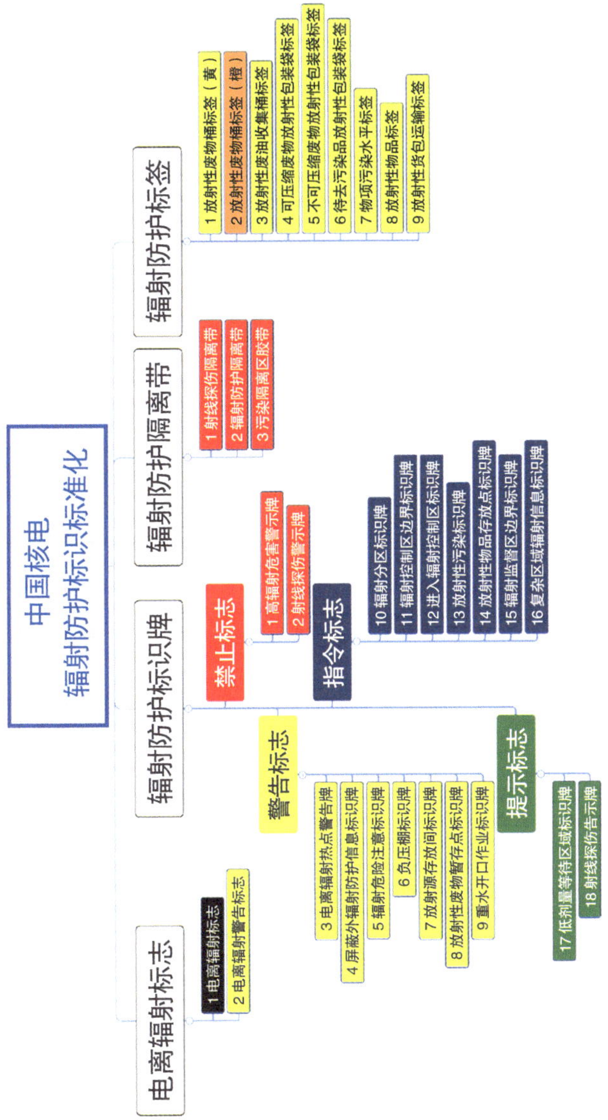

图 5.6-1　辐射防护标识标准化框架图

5.7 辐射防护标识组合使用规范

（1）辐射防护标识组合场景如图 5.7-1 所示。

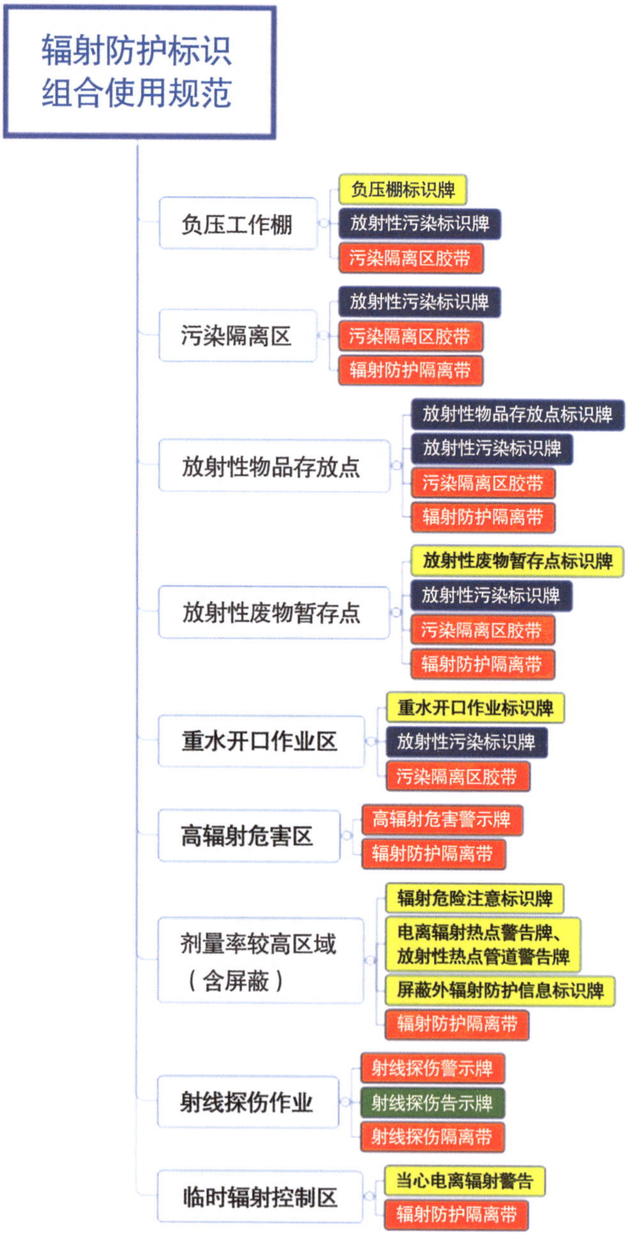

图 5.7-1　辐射防护标识组合场景

（2）辐射防护标识组合使用规范如表 5.7-1 所示。

表 5.7-1 辐射防护标识组合使用规范

使用场合	使用标识	设置要求	信息填写及更新
负压工作棚（SAS）	1）负压棚标识牌（警告） 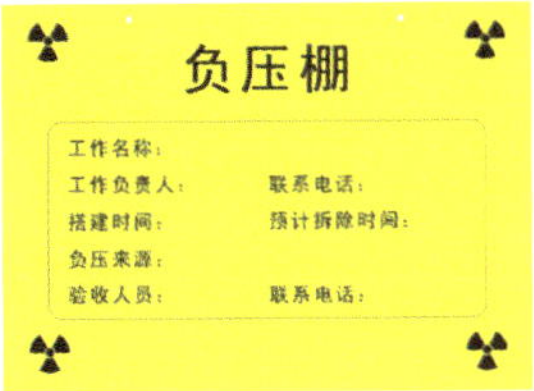 	设置在 SAS 入口或过渡区入口（如有）； 如采取左右设置：负压棚标识牌在左，放射性污染标识牌在右； 如采取上下设置：负压棚标识牌在上，放射性污染标识牌在下	SAS 验收合格后，完整填写标识信息
	2）放射性污染标识牌（指令） 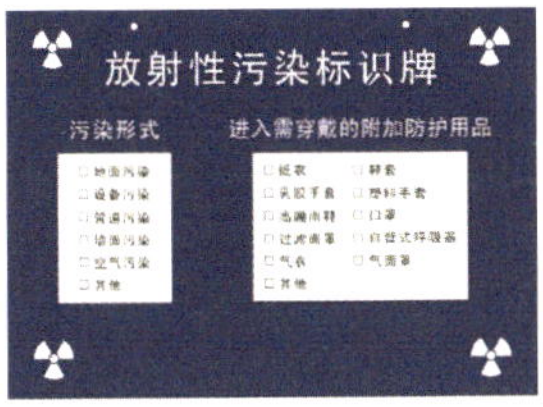 		SAS 负压工作棚投运时，根据辐射风险及防护要求勾选相应信息； 如辐射风险发生变化应及时更新信息
	3）污染隔离区胶带  	粘贴在地面，标记污染隔离区非实体边界	不适用（N/A）
污染隔离区	1）放射性污染标识牌（指令） 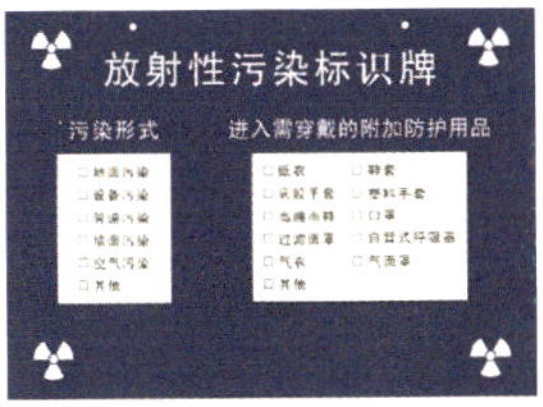 	设置在标准污染隔离区入口	污染隔离区投运时，根据辐射风险及防护要求勾选相应信息； 如辐射风险发生变化应及时更新防护措施和信息
	2）污染隔离区胶带  	粘贴在污染隔离区非实体边界处地面	不适用（N/A）
	3）辐射防护隔离带  	如无实体边界，设置隔离带划定场地隔离边界	不适用（N/A）

续　表

使用场合	使用标识	设置要求	信息填写及更新
放射性物品存放点	1）放射性物品存放点标识牌（指令） 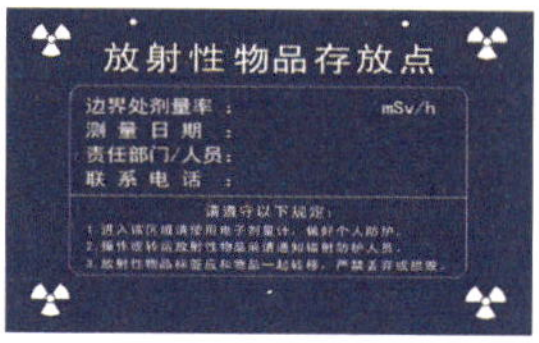 	设置在放射性物品存放场地入口	放射性物品存放场地投运时，完整填写标识信息。定期测量时更新辐射信息
	2）放射性污染标识牌（指令） 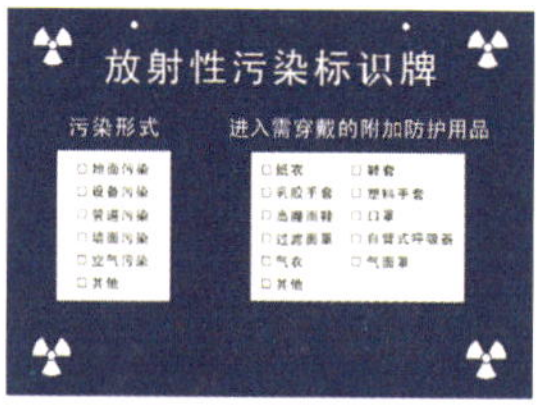 	设置在放射性物品存放场地入口	放射性物品存放场地投运时，根据辐射风险及防护要求勾选信息；如辐射风险发生变化应及时更新防护措施和信息
	3）污染隔离区胶带  	粘贴在污染隔离区非实体边界处地面	不适用（N/A）
	4）辐射防护隔离带  	如无实体边界时，设置隔离带划定隔离边界	不适用（N/A）
放射性废物暂存点	1）放射性废物暂存点标识牌（警告） 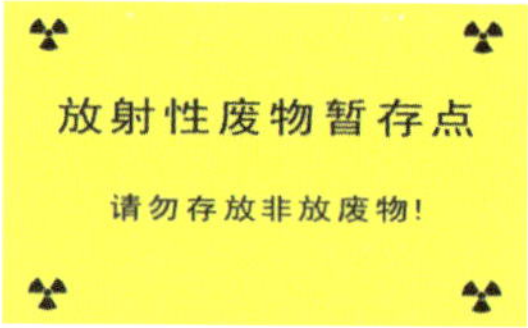 	设置在放射性废物暂存场地入口； 与放射性污染标识牌同时设置时此标牌放其左侧或上部	不适用（N/A）
	2）放射性污染标识牌（指令） 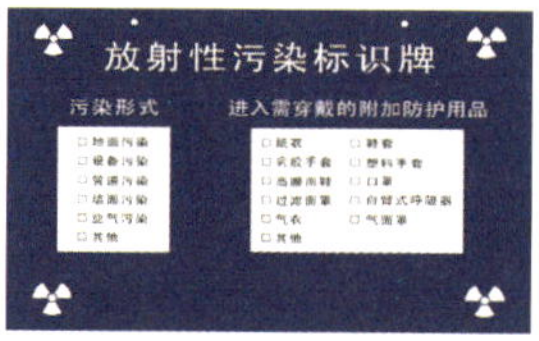 	设置在放射性废物暂存场地入口； 与放射性废物暂存点标识牌同时设置时，此标牌放其右侧或下部	放射性废物暂存场地投运时，根据辐射风险及防护要求勾选相应信息； 如辐射风险发生变化应及时更新防护措施和信息
	3）污染隔离区胶带  	粘贴在污染隔离区非实体边界处地面	不适用（N/A）
	4）辐射防护隔离带  	如无实体边界时，设置隔离带划定隔离边界	不适用（N/A）

续 表

使用场合	使用标识	设置要求	信息填写及更新
重水开口作业区	1）重水开口作业标识牌（警告） 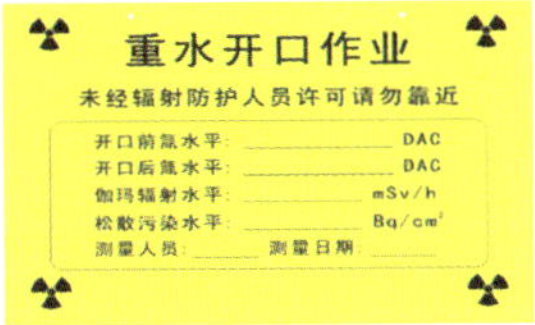	设置在重水开口作业场地入口； 与放射性污染标识牌同时设置时此标牌放其左侧或上部	重水开口作业场地投运时，完整填写标识信息； 如有定期测量应及时更新辐射信息
	2）放射性污染标识牌（指令） 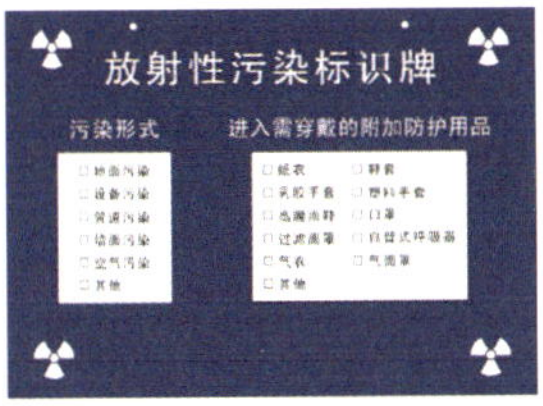	设置在重水开口作业场地入口； 与重水开口作业标识牌同时设置时，此标牌放其右侧或下部	重水开口作业场地投运时，根据辐射风险及防护要求勾选相应信息； 如辐射风险发生变化应及时更新防护措施和信息
	3）污染隔离区胶带 	粘贴在污染隔离区非实体边界处地面	不适用（N/A）
高辐射危害区	1）高辐射危害警示牌（禁止） 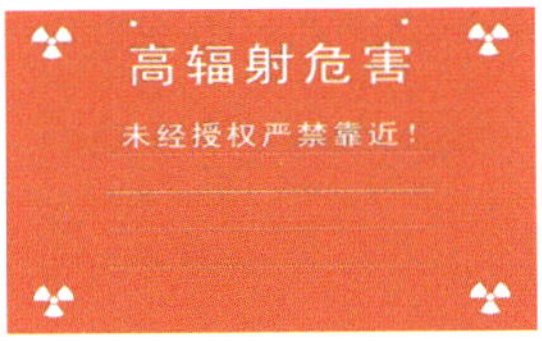	设置在高辐射危害管控区域入口	如有需要，辐射防护人员可依据现场情况补充信息
	2）辐射防护隔离带 	如需扩大管控区域范围，设置隔离带划定隔离边界	不适用（N/A）
剂量率较高区域（含热点屏蔽）	1）辐射危险注意标识牌（警告） 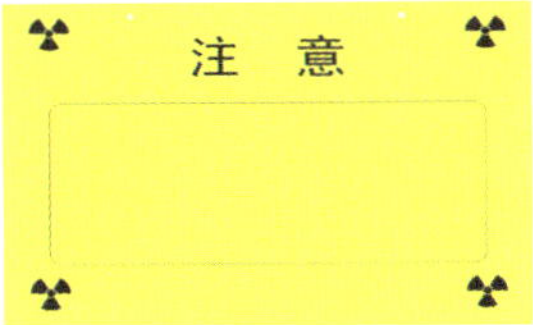	对于需要进行隔离管控的区域，设置在管控区域的主要入口，提醒遵守相关要求	辐射防护人员依据现场管控要求补充相应信息
	2）辐射防护隔离带 	需要隔离管控区域如无实体边界，设置隔离带划定隔离边界	不适用（N/A）

续　表

使用场合	使用标识	设置要求	信息填写及更新
剂量率较高区域（含热点屏蔽）	3）电离辐射热点警告牌（警告） 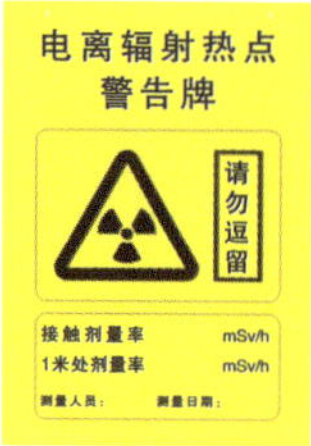 	隔离管控区域内如有达到放射性热点控制标准的热点，则在热点位置设置此警告牌	完整填写标识要求的信息； 如有定期测量应及时更新辐射信息
	4）放射性热点管道警告牌（警告）  	隔离管控区域内如有达到放射性热点控制标准的管道，则在热点管道位置设置此警告牌	不适用（N/A）
	5）屏蔽外辐射防护信息标识牌（警告）  	管控区域内如有放射性热点长期屏蔽措施，实施屏蔽后，应在屏蔽位置设置此警告牌	完整填写标识要求的信息； 如有定期测量应及时更新辐射信息
射线探伤作业	1）射线探伤警告牌（禁止）  	设置在射线探伤隔离边界的所有入口位置	不适用（N/A）
	2）射线探伤告示牌（提示）  	设置在进入生产厂房主要人员通道、卫生出入口等公共位置	根据射线探伤作业计划，完整填写及更新探伤时间、地点、源强、单位和注意事项等信息
	3）射线探伤隔离带  	如无实体边界时，设置隔离带划定隔离边界	不适用（N/A）

续 表

使用场合	使用标识	设置要求	信息填写及更新
临时辐射控制区	1）电离辐射警告标志 	设置在临时辐射控制区隔离边界处	不适用（N/A）
	2）辐射防护隔离带 	如无实体边界时，设置隔离带划定隔离边界	不适用（N/A）

6 工业安全标识

6.1 工业安全标志牌

6.1.1 禁止标志

6.1.1.1 说明

• 含义：禁止人们不安全行为的图形标志。

• 基本形式：白色长方形的衬底，涂红色的圆环带斜杠的禁止标志，斜杠和水平线夹角应为45°，下方为红色矩形文字说明框。

• 颜色/字体：文字说明的文字为黑体，文字为白色，可涂反光漆。禁止标志的内容符号为黑色。

• 尺寸：见图6.1-1，应符合《安全标志及其使用导则》（GB 2894—2008）。

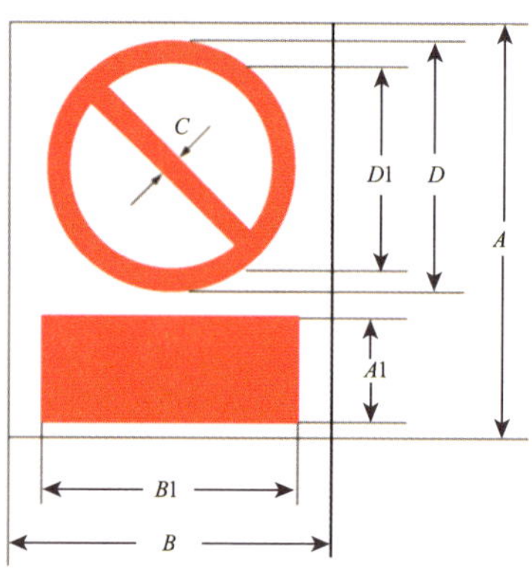

单位：mm

参数 序号	A	B	A1	D（B1）	D1	C
1	500	400	115	305	244	24
2	350	280	81	214	171	17
3	200	160	46	122	98	10

图6.1-1 禁止标志的尺寸要求

6.1.1.2 常用工业安全禁止标志示例

序号	图形标志	名　称	标志种类	设置范围和地点
1		禁止堆放 No stocking	J	消防通道及厂房主通道等
2		禁止启动 No starting	J	暂停使用的设备附近。如设备检修、更换零件等
3		禁止合闸 No switching on	J	设备或线路检修时，相应开关附近
4		禁止转动 No turning	J	检修或专人定时操作的设备附近
5		禁止叉车和厂内机动车辆通行 No access for fork lift trucks and other industrial vehicles	J，H	禁止叉车和其他厂内机动车辆通行的场所
6		禁止乘人 No riding	J	乘人易造成伤害的设施。如室外运输吊篮，外操作载货电梯框架等
7		禁止靠近 No nearing	J	不允许靠近的高压危险区域。如高压试验区、高压线、输变电设备的附近

续　表

序号	图形标志	名　称	标志种类	设置范围和地点
8		禁止入内 No entering	H，J	易造成事故或对人员有伤害的场所。如高压设备室、各种污染源等入口处
9		禁止推动 No pushing	J	易于倾倒的装置或设备，如屏蔽门等
10		禁止停留 No stopping	H，J	对人员具有直接危害的场所。如粉碎场地、危险路口、桥口等处
11		禁止通行 No throughfare	J	有危险的作业区。如起重、爆破现场，道路施工工地等
12		禁止跨越 No striding	J	禁止跨越的危险地段。如专用的运输通道、带式输送机和其他作业流水线。作业现场的沟、坎、坑等
13		禁止攀登 No climbing	J	不允许攀爬的危险地点
14		禁止跳下 No jumping down	J	不允许跳下的危险地点。如深沟、深池、车站站台及盛装过有毒物质、易产生窒息气体的槽车、贮藏室、地窖等处

续 表

序号	图形标志	名 称	标志种类	设置范围和地点
15		禁止伸出窗外 No stretching out of the window	J	易于造成头、手伤害的部位或场所。如公交车窗、火车车窗等
16		禁止倚靠 No leaning	J	不能依靠的地点或部位，如可拆卸护栏、电梯轿门等
17		禁止坐卧 No sitting	J	高温、腐蚀性、塌陷、坠落、翻转和易损等易于造成人员伤害的设备设施表面
18		禁止踩踏 No stampling	J	高温、腐蚀性、塌陷、坠落、翻转和易损等易于造成人员伤害的设备设施表面
19		禁止触摸 No touching	J	禁止触摸的设备或物体附近。如裸露的带电体，炽热物体，具有毒性、腐蚀性物体等处
20		禁止伸入 No reaching in	J	易于夹住身体部位的装置或场所。如有开口的传动机、破碎机等
21		禁止饮用 No drinking	J	禁止饮用水的开关处。如循环水、工业用水、污染水等

续 表

序号	图形标志	名 称	标志种类	设置范围和地点
22		禁止抛物 No tossing	J	抛物易伤人的地点。如高处作业现场、深沟（坑）等
23		禁止戴手套 No puttingon gloves	J	戴手套易造成手部伤害的作业地点。如旋转地机械加工设备附近
24		禁止穿化纤服装 No putting on chemical fiber clothing	H	有静电火花会导致灾害或有炽热物质的作业场所
25		禁止穿带钉鞋 No putting on spikes	H	有静电火花会导致灾害或有触电危险的作业场所
26		禁止开启无线移动通讯设备 No activated mobile phones	J	火灾、爆炸场所及可能产生电磁干扰的场所。如加油站、飞行中的航天器、油库、化工装置区等
27		禁止携带金属物或手表 No metallic articles or watches	J	易受到金属物品干扰的微波和电磁场所。如磁共振室等
28		禁止佩戴心脏起搏器者靠近 No access for persons with pacemakers	J	安装人工起搏器者禁止靠近高压设备、大型电机、发电机、电动机、雷达和有强磁场设备等

续 表

序号	图形标志	名　称	标志种类	设置范围和地点
29		禁止植入金属材料者靠近 No acdess for persons with metallic implants	J	易受到金属物品干扰的微波和电磁场所。如磁共振室等
30		禁止游泳 No swimming	H	禁止游泳的水域
31		禁止滑冰 No skating	H	禁止滑冰的场所
32		禁止携带武器及仿真武器 No carrying weapons and emulating weapons	H	不能携带和托运武器、凶器和仿真武器的场所或交通工具。如飞机等
33		禁止携带托运易燃及易爆物品 No carrying flammable and explosive moteri	H	不能携带和托运易燃、易爆物品及其他危险品的场所或交通工具。如火车、飞机、地铁等
34		禁止携带托运有毒物品及有害液体 No carrying poisonous materials and harmful liquid	H	不能携带托运有毒物品及有害液体的场所或交通工具。如火车、飞机、地铁等
35		禁止携带托运放射性及磁性物品 No carrying radioactive and magnetic materials	H	不能携带托运放射性及磁性物品的场所或交通工具。如火车、飞机、地铁等

续 表

序号	图形标志	名 称	标志种类	设置范围和地点
36		有限空间未经许可禁止入内严禁盲目施救 Confined space No unauthorized entry No blind rescue	J	有限空间入口
37		禁止使用雨伞 No umbrella	H	220/500 kV GIS 进出线区域、辅变/主变/厂变区域
38		禁止翻越围栏 No climbing	J	存在人员可能走捷径翻越围栏通行的围栏处

6.1.2 警告标志

6.1.2.1 说明

• 含义：提醒人们对周围环境引起注意，以避免可能发生危险的图形标志。促使人们提高对可能发生危险的警惕性。

• 基本形式：白色长方形衬底，涂带黑色框的黄色正三角形的警告标志，下方为矩形补充标志。

• 颜色/字体：文字说明框为黑框白底，字体为黑体，文字为黑色，可涂反光色，警告标志的内容符号为黑色。

• 尺寸：见图 6.1-2，应符合《安全标志及其使用导则》(GB 2894—2008)。

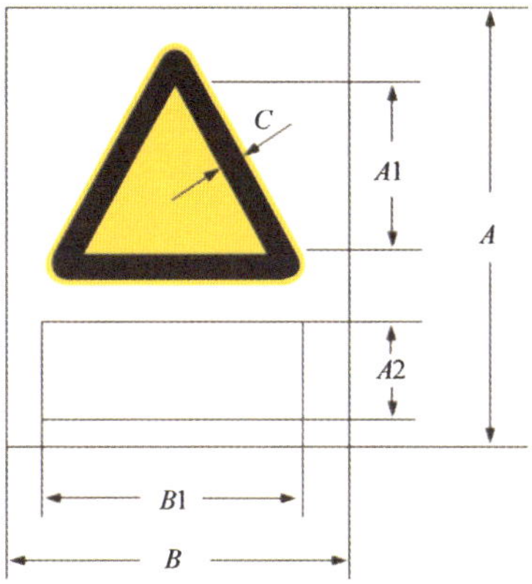

单位：mm

参数 序号	A	B	A1	A2	D（B1）	C
1	500	400	213	115	305	24
2	350	280	149	81	214	17
3	200	160	85	46	122	10

图 6.1-2 警告标志的尺寸要求

6.1.2.2 常用工业安全警告标志示例

序号	图形标志	名 称	标志种类	设置范围和地点
1		注意安全 Warning danger	H，J	易造成人员伤害的场所及设备等
2		当心爆炸 Warning explosion	H，J	易发生爆炸危险的场所。如易燃易爆物质的生产、储存、使用或受压容器等地点
3		当心腐蚀 Warning corrosion	J	有腐蚀性物质（GB 12268—2005 中第 8 类所规定的物质）的作业地点

续　表

序号	图形标志	名　称	标志种类	设置范围和地点
4		当心中毒 Warning poisoning	H，J	剧毒品及有毒物质（GB 12268—2005 中第 6 类第 1 项所规定的物质）的生产、储运及使用场所
5		当心感染 Warning infection	H，J	易发生感染的场所。如医院传染病区；有害生物制品的生产、储运、使用等地点
6		当心触电 Warning electric shock	J	有可能发生触电危险的电器设备和线路。如配电室、开关等
7		当心电缆 Warning cable	J	在暴露的电缆或地面下有电缆处施工的地点
8		当心自动启动 Warning automatic start-up	J	配有自动启动装置的设备
9		当心机械伤人 Warning mechanical injury	J	易发生机械卷人、轧压、碾压和剪切等机械伤害的作业地点
10		当心塌方 Warning collapse	H，J	有塌方危险的地段、地区。如堤坝及土方作业的深坑、深槽等
11		当心冒顶 Warning roof fall	H，J	具有冒顶危险的作业场所。如矿井、隧道等

续 表

序号	图形标志	名 称	标志种类	设置范围和地点
12		当心坑洞 Warning hole	J	具有坑洞，易造成伤害的作业地点。如构件的预留孔洞及各种深坑的上方等
13		当心落物 Warning falling objects	J	易发生落物危险的地点。如高处作业、立体交叉作业的下方等
14		当心吊物 Warning overhead load	J，H	有吊装设备作业的场所。如施工工地、港口、码头、仓库和车间等
15		当心碰头 Warning overhead obstacles	J	易产生碰头的场所
16		当心挤压 Warning crushing	J	易产生挤压的装置、设备或场所。如自动门、电梯门、车站屏蔽门等
17		当心烫伤 Warning scald	J	具有热源易造成伤害的作业地点。如冶炼、锻造、铸造和热处理车间等
18		当心伤手 Warning Injure hand	J	易造成手部伤害的作业地点。如玻璃制品加工、木制品加工和机械加工厂房等
19		当心夹手 Warning hands pinching	J	易产生挤压的装置、设备或场所。如自动门、电梯门、列车车门等
20		当心扎脚 Warning splinter	J，H	易造成脚部伤害的作业地点。如施工工地等有尖角散料等处

续　表

序号	图形标志	名　称	标志种类	设置范围和地点
21		当心弧光 Warning arc	H，J	由于弧光造成眼部伤害的各种焊接作业场所
22		当心高温表面 Warning hot surface	J	有灼烫物体表面的场所
23		当心低温 Warning low temperature/freezing conditions	J	易于导致冻伤的场所。如冷库、气化器表面、存在液化气体的场所等
24		当心磁场 Warning magnetic field	J	有磁场的区域或场所。如高压变压器、电磁测量仪器附近等
25		当心激光 Warning laser	H，J	有激光产品和生产、使用、维修激光产品的场所（激光辐射警告标志常用尺寸规格见附录 B）
26		当心微波 Warning microwave	H	凡微波场强超过 GB 10436、GB 10437 规定的作业场所
27		当心叉车 Warning fork lift trucks	J，H	有叉车通行的场所
28		当心车辆 Warning vehicle	J	厂内车、人混合行走的路段，道路的拐角处，平交路口；车辆出入较多的厂房、车库等出入口
29		当心火车 Warning train	J	厂内铁路与道路平交路口，厂（矿）内铁路运输线等

续　表

序号	图形标志	名　称	标志种类	设置范围和地点
30		当心坠落 Warning drop down	J	易发生坠落事故的作业地点。如脚手架、高处平台、地面的深沟（池、槽）、建筑施工、高处作业场所等
31		当心障碍物 Warning obstacles	J	地面有障碍物，绊倒易造成伤害的地点
32		当心跌落 Warning drop (fall)	J	易于跌落的地点。如楼梯、台阶等
33		当心滑倒 Warning slippery surface	J	地面易造成滑跌伤害的地点。如地面有油、冰、水等物质及滑坡处
34		当心落水 Warning falling into water	J	落水后有可能产生淹溺的场所或部位。如城市河流、消防水池等
35		当心缝隙 Warning gap	J	有缝隙的装置、设备或场所。如自动门、电梯门、列车等
36		噪声有害 Noised hazard	J	噪声超过 85 dB 的场所

6.1.3 指令标志

6.1.3.1 说明

• 含义：强制人们必须做出某种动作或采取防范措施的图形标志。

• 基本形式：白色长方形衬底，涂蓝色圆形指令标志，下方为矩形文字说明框。

• 颜色/字体：字体为黑体，文字为蓝底白色，可涂反光色。指令标志的内容符号为白色。

• 尺寸：见图6.1-3，应符合《安全标志及其使用导则》(GB 2894—2008)。

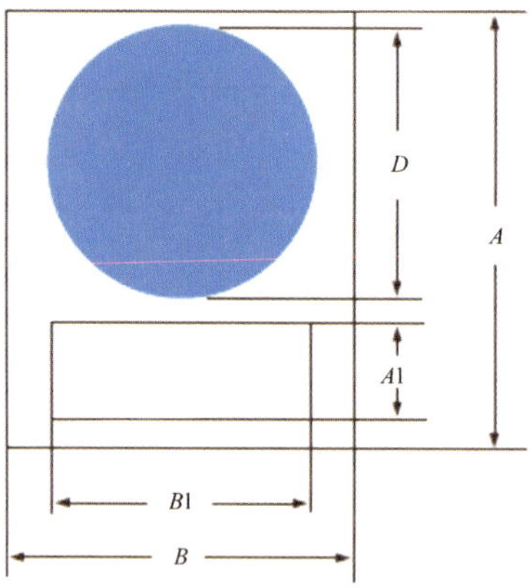

单位：mm

序号 \ 参数	A	B	A1	D（B1）
1	500	400	115	305
2	350	280	81	214
3	200	160	46	122

图 6.1-3 警告标志的尺寸要求

6.1.3.2　常用工业安全指令标志示例

序号	图形标志	名称	标志种类	设置范围和地点
1		必须戴防护眼镜 Must wear protective goggles	H，J	对眼睛有伤害的各种作业场所和施工场所
2		必须配戴遮光护目镜 Must wear opaque eye protection	J，H	存在紫外、红外、激光等光辐射的场所。如电气焊现场等
3		必须戴防尘口罩 Must wear dustproof mask	H	具有粉尘的作业场所
4		必须戴防毒面具 Must wear gas defence mask	H	具有对人体有害的气体、气溶胶、烟尘等作业场所。如有毒物散发的地点或处于毒物造成的事故现场
5		必须戴护耳器 Must wear ear protector	H	噪声超过 85 dB 的作业场所
6		必须戴安全帽 Must wear safety helmet	H	头部易受外力伤害的作业场所
7		必须戴防护帽 Must wear protective cap	H	易造成人体碾绕伤害或有粉尘污染头部的作业场所

续 表

序号	图形标志	名称	标志种类	设置范围和地点
8		必须系安全带 Must fastened safety belt	H，J	易发生坠落危险的作业场所。如高处建筑，修理、安装等地点。
9		必须穿救生衣 Must wear life jacket	H，J	易发生溺水的作业场所
10		必须穿防护服 Must wear protective clothes	H	具有放射、微波、高温及其他需穿防护服的作业场所
11		必须戴防护手套 Must wear protective gloves	H，J	易伤害手部的作业场所。如具有腐蚀、污染、灼烫、冰冻及触电危险的作业地点
12		必须穿防护鞋 Must wear protective shoes	H，J	易伤害脚部的作业场所。如具有腐蚀、灼烫、触电及砸（刺）伤等危险的作业地点
13		必须洗手 Must wash your hands	J	接触有毒有害物质作业后
14		必须加锁 Must be locked	J	剧毒品、危险品库房等地点

续 表

序号	图形标志	名称	标志种类	设置范围和地点
15		必须接地 Must connect an carth terminal to the ground	J	防雷、防静电场所
16		必须拔出插头 Must disconnect mains plug from electrical outlet	J	在设备维修、故障、长期停用、无人值守状态下
17		上下楼梯请扶扶手 Please hold the handrails	J	较陡楼梯的入口处
18		注意通风 Be ware ventilation	J	室内有可能产生有毒有害或窒息性气体的房间。如氮气、SF6使用场所，有可能产生氢气的蓄电池间等

6.1.4 提示标志

6.1.4.1 说明

• 含义：向人们提供某种信息（如表明安全措施或场所）的图形标志。

• 基本形式：白色正方形衬底，涂绿色正方形的提示标志，下方为矩形文字说明框。

• 颜色/字体：文字说明框为绿底，字体为黑体，文字为白色，可涂反光色。提示标志的内容符号为白色。

• 尺寸：见图6.1-4，应符合《安全标志及其使用导则》（GB 2894—2008）。

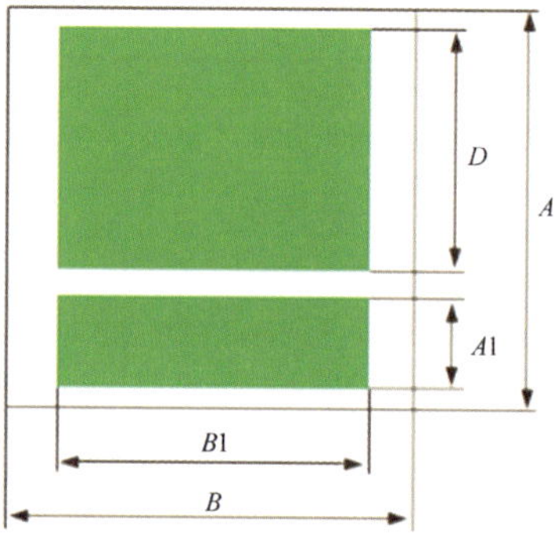

单位：mm

序号 \ 参数	A	B	A1	D（B1）
1	500	400	115	305
2	350	280	81	214
3	200	160	46	122

图 6.1-4　提示标志的尺寸要求

6.1.4.2　常用工业安全提示标志示例

序号	图形标志	名称	标志种类	设置范围和地点
1		紧急出口 Emergent exit	J	便于安全疏散的紧急出口处。与方向箭头结合设在通向紧急出口的通道，楼梯等处
2		避险处 Haven	J	隧道内躲避危险的地点
3		应急避难场所 Evacuation assembly point	H	在发生突发事件时用于容纳危险区域内疏散人员的场所

续　表

序号	图形标志	名称	标志种类	设置范围和地点
4		急救点 First aid	J	设置现场急救设备及药品的地点
5		击碎板面 Break to obtain access	J	必须击开板面才能获得出口
6		应急电话 Emergency telephone	J	安装应急电话的地点
7		紧急医疗站 Doctor	J	有医生的医疗救助场所

6.1.5　紧急出口

6.1.5.1　说明

• 作用：提示紧急出口、疏散通道和楼梯位置。

• 适用场所：用于人员密集的公共场所的紧急出口、疏散通道处和楼梯间处，在远离紧急出口的地方，应将“紧急出口”和“疏散通道方向”标志联合设置，箭头必须指向紧急出口的方向。

• 颜色/字体：颜色应满足提示标志的要求，字体为黑体，文字为白色，可涂反光色。

• 安装要求：应急疏散提示标志上边缘距离地面不得大于1 000 mm，采用荧光材料制作。

• 标志牌尺寸：见图 6.1-5，应符合《安全标志及其使用导则》（GB 2894—2008）。

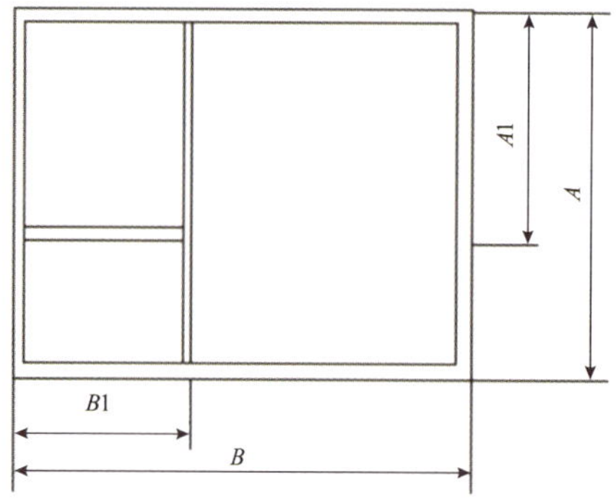

单位：mm

参数 序号	A	B	A1	B1
1	500	400	115	305
2	350	280	81	214
3	200	160	46	122

图 6.1-5　紧急出口的尺寸要求

6.1.5.2　示例

图 6.1-6　紧急出口示例

6.2 工业安全信息牌

6.2.1 有毒物品作业岗位职业危害告知卡

6.2.1.1 说明

• 作用：设置在使用有毒物品作业岗位醒目位置上的一种警示，以简洁的图形和文字，将作业岗位上所接触到的有毒物品的危害性告知劳动者，并提醒劳动者采取相应的预防和处理措施。

• 内容：包括有毒物品的通用提示栏、有毒物品名称、健康危害、警告标志、指令标志、应急处理和理化特性等内容。

—通用提示栏：在《告知卡》的最上边一栏用红底白字标明“有毒物品，对人体有害，请注意防护”等作为通用提示。

—有毒物品名称：用中文标明有毒物品的名称。名称要醒目清晰，位于《告知卡》的左上方，可能时应提供英文名称。

—健康危害：简要表述有毒物品对人体健康的危害后果，包括急、慢性危害和特殊危害。此项位于《告知卡》的中上部位。

—警告标志：在名称的正下方，设置相应的警示语句或警告标志，有多种危害时，可设置多重警告标志或警示语句。

—应急处理：简要表述发生急性中毒时的应急救治与预防措施。

—指令标志：用警示语句或指令标志表示要采取的职业病危害防护措施。

—理化特性：简要表述有毒物品理化、燃烧和爆炸危险等特性。

—救援电话：设立用于在发生意外泄漏或者其他可能引起职业病危险情况下的紧急求助电话，便于组织相应力量进行救援工作。

—职业卫生咨询电话：为劳动者设立的提供职业病危害防范知识和建议的咨询电话。

• 尺寸（推荐）：500 mm×700 mm，详见图 6.2-1。

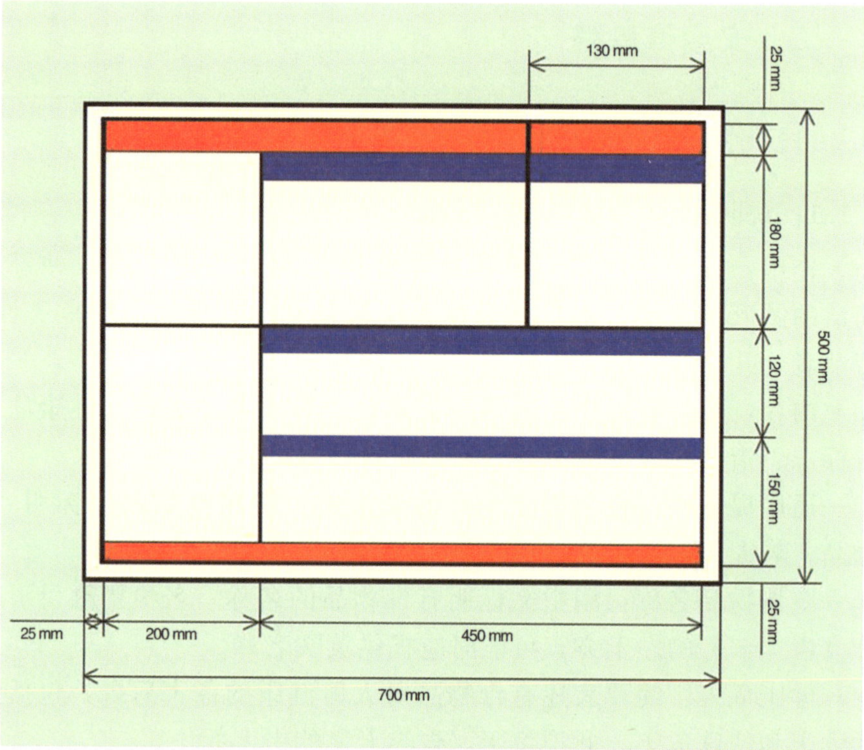

图 6.2-1　有毒物品作业岗位职业危害告知卡

6.2.1.2 示例

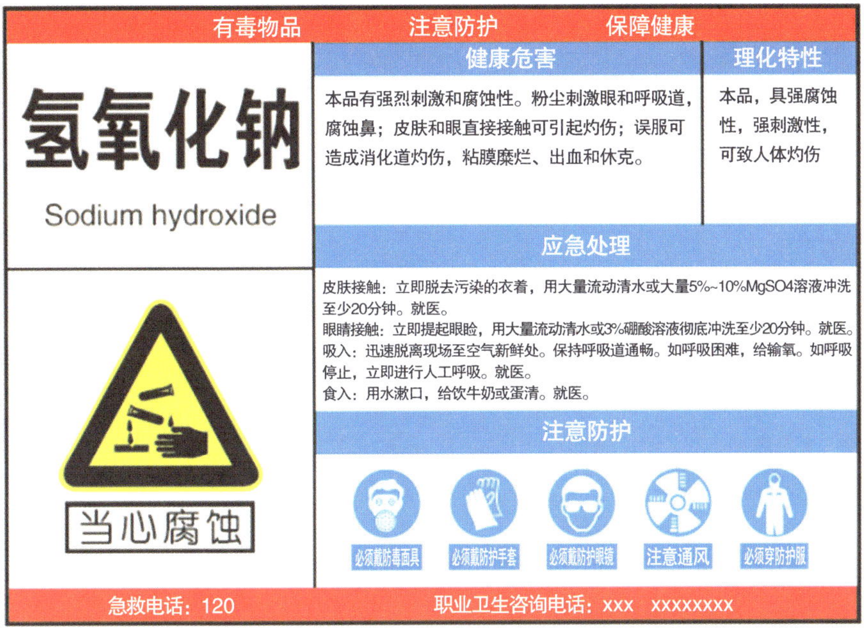

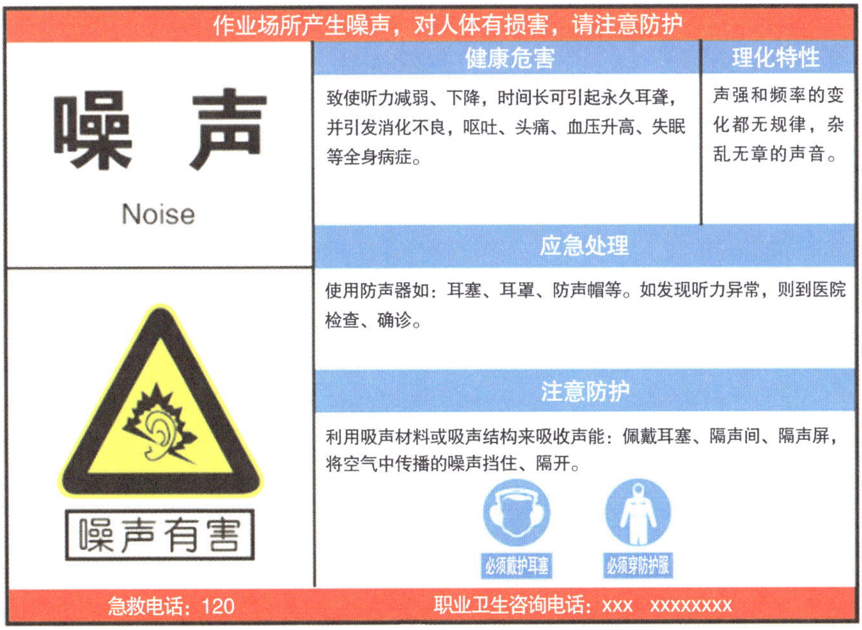

图 6.2-2 职业危害告知卡示例

6.2.2 安全风险告示牌

6.2.2.1 说明

• 作用：告知作业场所存在的安全风险。

• 设置要求：安全风险告示牌应张贴于各子项主通道出入口。

• 内容：应包括区域、作业活动、存在的风险、风险等级和控制措施等。

• 尺寸：1 600 mm×1 200 mm，详见图 6.2-3，特殊情况等比例缩放。

• 颜色：采用蓝底白字。

6.2.2.2 示例

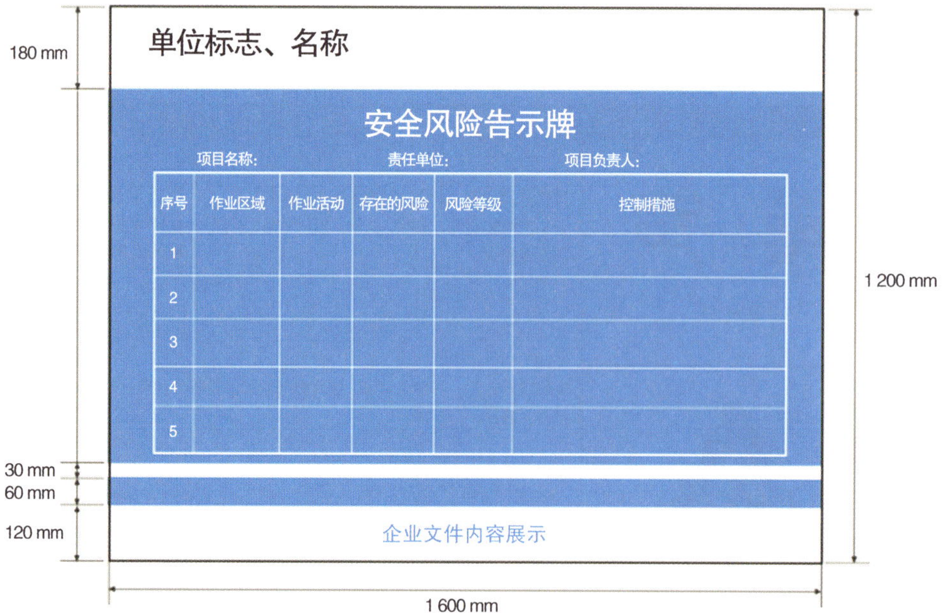

图 6.2-3 安全风险告示牌示意图

6.2.3 化学品存放信息牌

6.2.3.1 说明

• 作用：告知作业场所存在的化学品安全风险。

• 设置要求：应张贴于各子项主通道出入口。

• 内容：应包括化学品的品名、规格、最大储量、危险类别和主要特性等。

• 尺寸规格：500 mm×700 mm 或者 400 mm×300 mm。

• 颜色：采用蓝底白字。

6.2.3.2 示例

化学品存放信息卡

品　名	氨（NH_3）	英文名称	Ammonia
规　格	≥99.6%，200公斤/瓶	最大储量	1吨
危险类别	2、3类 有毒气体	用　途	二回路化学控制
主要特性	无色气体，有强烈刺激性及腐蚀性。易溶于水，与空气混合后遇明火可发生爆炸。与氟、氯等发生剧烈反应。		
储存地点	ISIR化学试剂存放间	责任部门	XXX
责 任 人	XXX	电　话	XXX
备　注	易燃、腐蚀性压缩气体。储存区域应保持阴凉、干燥、通风良好。远离火种、热源。防止阳光直射。应与卤素、酸类等分开存放。储罐要有防火防爆技术措施。		

图 6.2-4　化学品存放信息牌示意图

6.3 工业安全警戒警示线

6.3.1 设备警示线

6.3.1.1 说明

• 适用范围：在生产车间、试验室、库房、堆场区域内，针对可能造成人员伤害或误碰的设备，应在其周围地面制作设备警示线。

• 线形/颜色：设备警示线为黄色、线宽 80～110 mm。

• 设置要求：

—小型设备与设备警示线之间的距离至少为 500 mm。

—大型设备与设备警示线之间的距离至少为 900 mm。

—特殊设备可根据现场实际情况参照确定。

• 材质：应采用黄色油漆（Y100）涂刷制作或直接购买成品现场粘贴。

• 图例说明：见表 6.3-1。

表 6.3-1 设备警示线图例说明

图　例	颜色	线宽（A）	适用范围
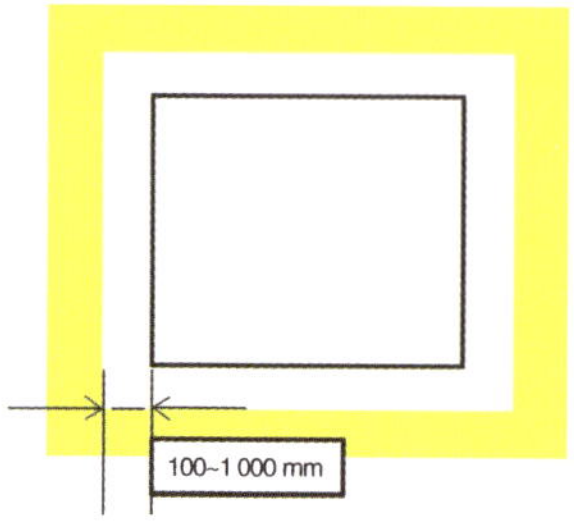	黄色	80～110 mm	危险、重要设备周围安全警戒，地漏周围安全警戒线（SPV 设备警示线为红色）

6.3.1.2 示例

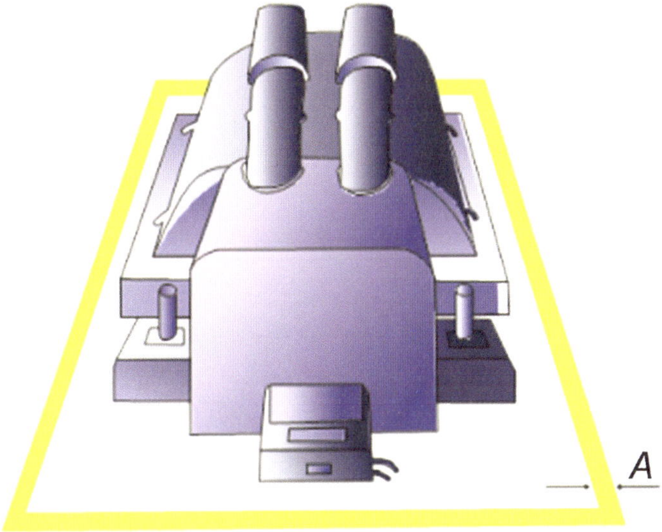

图 6.3-1 设备警示线示例

6.3.2 防止踏空线

6.3.2.1 说明

• 适用范围：用于有落差的通道，如楼梯（楼梯的第一台阶、楼梯的最后一个台阶）、高差 300 mm 以上的人行通道边缘处。

• 线形/颜色：黄色线条，线宽 100 mm（钢格栅楼梯防止踏空线线宽为 150 mm）。

• 设置要求：通道落差处、楼梯首末级，有意外踏空风险的位置。

• 图例说明：见表 6.3-2。

表 6.3-2 防止踏空线图例说明

图 例	颜色	线宽（A）	适用范围
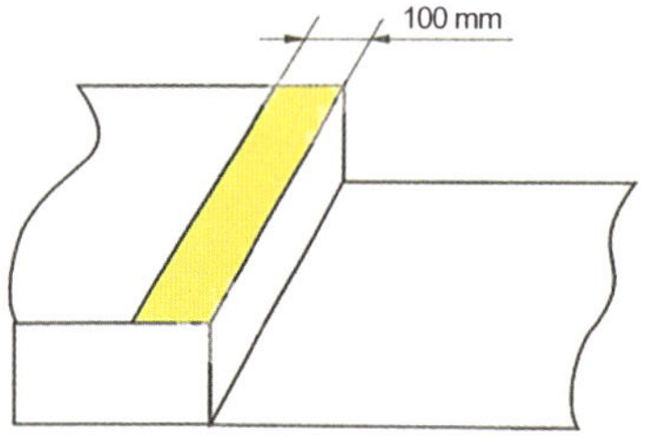 防止踏空线示意图	黄色	线宽 100 mm，钢格栅楼梯为 150 mm	通道落差处、楼梯首末级，有意外踏空风险的位置

6.3.2.2 示例

图 6.3-2 防止踏空线示例

6.3.3 禁止阻塞线

6.3.3.1 说明

• 适用范围：办公区、生活区、生产车间、试验室和库房等区域，以及处于安装和调试阶段的施工现场，在指定区域电源盘、加热器、消防器材、应急器材的前方、主通道、消防通道、应急撤离通道，以及其他禁止阻塞的区域。

• 线形/颜色：为黄色（Y100）色条，线宽 80～110 mm，方框中以同样线形画对角线。方框中也可不画对角线，标识“禁止堆物”

字样。

• 设置要求：设备正面预留宽度不小于 500 mm 的禁止阻塞区域。

• 图例说明：见表 6.3-3。

表 6.3-3 禁止阻塞线标志图例说明

图　例	颜色	线宽（A）	适用范围
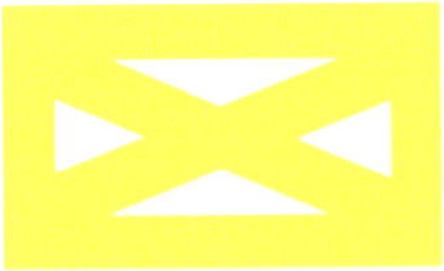	黄色	80～110 mm	电源盘、加热器、消防器材、应急器材的前方和主通道、消防通道、应急撤离通道，以及其他禁止阻塞的区域

6.3.4 防止碰头线和防止绊跤线

6.3.4.1 说明

• 适用范围：在存在人员磕碰、绊倒风险的设施设置防止碰头线和防止绊跤线，避免人员受伤，如设备管道、钢梁和凸出物等处。

—在现场各类管道、横梁和构架等底部距地面净高小于 1 850 mm 处，需在醒目位置制作防止碰头线。

—在有落地管道、台阶及其他容易造成人员绊跤障碍物的现场通道处，应醒目制作防止绊跤线。

• 线形/颜色：为黄色（Y100）、黑色（K100）相间线条，条纹间隔为 100 mm，线条与水平线之间的夹角为 45°，同方向条纹保持一致。

• 设置要求：

—在人员通行的主通道高度不足 1 850 mm 的障碍物上应标注防止碰头线，并根据情况设置软包裹。

—在人行通道地面上临时铺设的管线或易造成人身跌绊的其他障碍物上应标注防止绊跤线。在不适用的情况下，应采取搭设梯形盖板的形式进行保护。

—对于地面较低障碍物（低于 250 mm），防止绊跤线可标注在障碍物周围地面上。

• 图例说明：见表 6.3-4。

表 6.3-4　防止碰头线和防止绊跤线标志图例说明

图　例	颜色	线宽（A）	适用范围
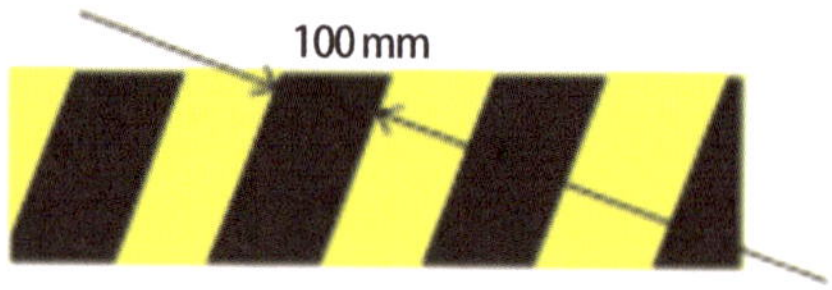	黄黑相间	100 mm	导致人员磕碰、绊倒风险的设施，设备管道、钢梁、凸出物等处

6.3.4.2　示例

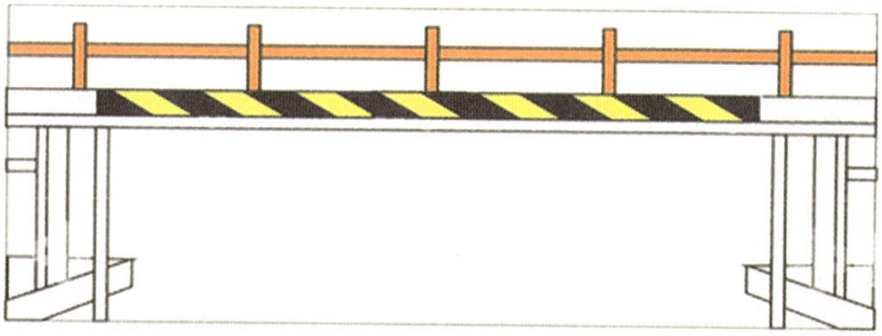

图 6.3-3　防止碰头线示例

图 6.3-4　防止绊跤线（临时管道）示例

6.3.5 安全护栏、爬梯标识

6.3.5.1 说明

•适用范围：在存在人员磕碰、坠落风险的平台边缘，如钢斜梯扶手、梯间平台护栏，标注在与下方高差1.5 m以上的平台边缘处护栏上。

•线形/颜色：为黄色。

•设置要求：钢斜梯扶手、梯间平台护栏，在与下方高差1.5 m以上的平台边缘处护栏上。

6.3.5.2 示例

平台护栏

钢斜梯扶手

钢斜梯扶手

空中过道护栏

图6.3-5 安全护栏、爬梯标识示例

6.3.6 孔洞防护标识

6.3.6.1 说明

• 适用场所：大于 50 mm 的孔洞处。

• 线形/颜色：为黄色、黑色间线条，条纹间隔见表 6.3-5，线条与水平线之间的夹角为 45°，同方向条纹保持一致。

• 设置要求：大于 50 mm 的孔洞处。

• 图例说明：见表 6.3-5 和图 6.3-8。

表 6.3-5　孔洞防护标识标志图例说明

序号	类　型		a	b
1	方形盖板	面积≥1 m×1 m	100 mm	80 mm
2	方形盖板	面积<1 m×1 m	50 mm	80 mm
3	圆形盖板	直径≥1 m	100 mm	80 mm
4	圆形盖板	直径<1 m	50 mm	80 mm

6.3.6.2 示例

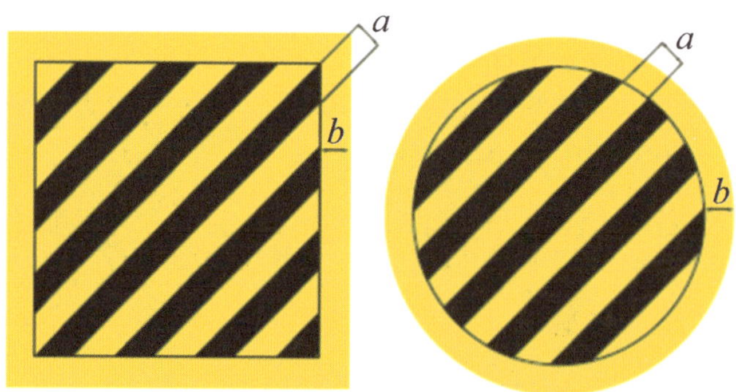

图 6.3-6　孔洞防护标识标志图例

7　消防标识

7.1　消防安全标志

消防安全标志由几何形状、安全色、表示特定消防安全信息的图形符号构成。标志的几何形状、安全色及对比色、图形符号色的含义见表 7.1-1。消防安全标志常用的型号及其公称尺寸应符合表 7.1-2 的要求。

表 7.1-1　标志的几何形状、安全色及对比色、图形符号色的含义

几何形状	安全色	安全色的对比色	图形符号色	含义
正方形	红色	白色	白色	标示消防设施（如火灾报警装置和灭火设备）
正方形	绿色	白色	白色	提示安全状况（如紧急疏散逃生）
带斜杠的圆形	红色	白色	黑色	表示禁止
等边三角形	黄色	黑色	黑色	表示警告

表 7.1-2　消防安全标志常用的型号及其公称尺寸

型号	公称尺寸		
	正方形标志的边长 a/mm	圆形标志的外径 d/mm	三角形标志的内边长 b/mm
1	63	70	75
2	100	110	120
3	160	175	190
4	250	280	300
5	400	440	480
6	630	700	750
7	1 000	1 100	1 200

7.1.1 消防设施标志

7.1.1.1 说明

• 基本形式：白色正方形衬底，涂红色正方形的提示标志，下方为文字说明。

• 颜色/字体：文字说明为红底，字体为黑体，文字为白色，可涂反光色。标志的内容符号为白色。

• 尺寸：见图 7.1-1，应符合《消防安全标志 第 1 部分》（GB 13495.1—2015）。

图 7.1-1　消防设施标志的设计尺寸

7.1.1.2 常用消防设施标志示例

序号	标志	名称	说明
1		消防按钮	标示火灾报警按钮和消防设备启动按钮的位置

续 表

序号	标志	名称	说明
2	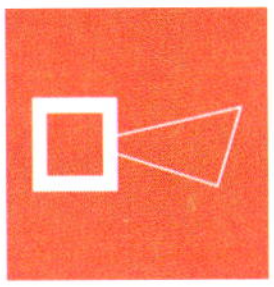	发声警报器	标示发声警报器的位置
3		火警电话	标示火警电话的位置和号码
4		消防电话	标示火灾报警系统中消防电话及插孔的位置
5		灭火设备	标示灭火设备集中摆放的位置
6		手提式灭火器	标示手提式灭火器的位置
7		推车式灭火器	标示推车式灭火器的位置
8		消防软管	标示消防软管、消火栓、灭火器箱的位置

续 表

序号	标志	名称	说明
9		地上消火栓	标示地上消火栓的位置
10		地下消火栓	标示地下消火栓的位置
11		水泵接合器	标示水泵接合器的位置
12		常开式防火门	指示该防火门处于常开状态
13		消防炮	标示消防炮的位置
14	 	火灾报警装置或灭火设备的方位（方向辅助标志）	火灾报警装置或灭火设备的方位 箭头的方向还可分为上、下、左上、右、右上、右下

图 7.1-2　消防安全标志示例

7.1.2　消防安全状况标志

7.1.2.1　说明

• 基本形式：白色正方形衬底，涂绿色正方形的提示标志，下方为矩形文字说明框。

• 颜色/字体：文字说明框为绿底，字体为黑体，文字为白色，可涂反光色。提示标志的内容符号为白色。

• 尺寸：见图 7.1-3，应符合《消防安全标志 第 1 部分》（GB 13495.1—2015）。

图 7.1-3　安全提示标志的尺寸要求

7.1.2.2 常用消防安全状况标志示例

序号	标志	名称	说明
1		安全出口（左）	提示通往安全场所的疏散出口
2		安全出口（右）	提示通往安全场所的疏散出口
3		推开	提示门的推开方向
4		拉开	提示门的推开方向
5		击碎板面	提示需击碎板面才能取到钥匙、工具，操作应急设备或开启紧急逃生出口
6		地面辅助疏散标志	在地面上指示安全出口的方向

续　表

序号	标志	名称	说明
7		安全出口指示标识	指示安全出口的位置
8		疏散方向 (方向辅助标志)	指示安全出口的方向 箭头的方向还可分为上、下、左上、右、右上、右下

图 7.1-4　消防安全状况标志示例

疏散标识牌的特殊安装说明：

• 疏散通道中“安全出口”标志宜设置在通道两侧部及拐弯处的墙面上，标志牌的上边缘距地面不应大于 1 m。标志也可以直接设置在地面上，上面加盖不燃透明牢固的保护板。标志的间距不应大于 20 m，袋形走道的尽头离标志的距离不应大于 10 m。

• 疏散通道出口处“安全出口”标志应设置在门框边缘或门的上部，标志牌的上边缘距天花板高不应小于 0.5 m，标志牌下边缘距地面的高度不应小于 2.0 m。

•悬挂在室内大厅处的疏散标志牌的下边缘距地面的高度不应小于 2.0 m。

7.1.3 消防禁止标志

7.1.3.1 说明

•基本形式：白色长方形的衬底，涂红色的圆环带斜杠的禁止标志，斜杠和水平线夹角应为 45°，下方为红色矩形文字说明框。

•颜色/字体：文字说明的文字为黑体，颜色为白色，可涂反光漆。禁止标志的内容符号为黑色。

•尺寸：见图 7.1-5，应符合《消防安全标志 第 1 部分》（GB 13495.1—2015）。

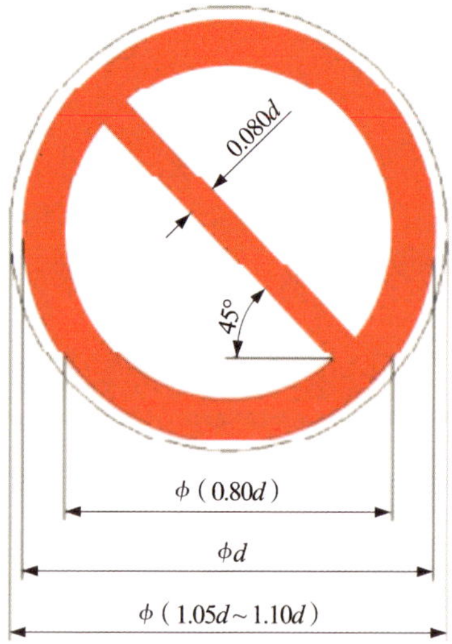

图 7.1-5 禁止标志的尺寸要求

7.1.3.2　常用消防禁止标志示例

序号	标志	名称	说明
1		禁止吸烟	表示禁止吸烟
2		禁止烟火	表示禁止吸烟或各种形式的明火
3		禁止放易燃物	表示禁止存放易燃物
4		禁止燃放鞭炮	表示禁止燃放鞭炮或烟火
5		禁止用水扑灭	表示禁止用水作为灭火剂或用水灭火
6		禁止阻塞	表示禁止阻塞的指定区域
7		禁止锁闭	表示禁止锁闭的指定部位
8		禁止乱动消防器材	表示禁止私自动用消防设施设备

续 表

序号	标志	名称	说明
9		禁止接打电话	表示禁止接打电话或禁止携带电子通讯产品入内
10		禁止乱扔烟头	表示禁止在吸烟区内随地乱扔烟头或其他杂物
11		禁止穿化纤服装作业	表示禁止穿戴易产生静电的化纤服装（尼龙、腈纶、丙纶）及带钉鞋作业
12		禁止切断消防电源	表示禁止私自切断消防电源或触动消防配电设施
13		火警时禁止乘坐电梯	表示在发生火灾时禁止乘坐任何电梯

图 7.1-6　消防禁止标志示例

7.1.4 消防警告标志

7.1.4.1 说明

• 基本形式：白色长方形衬底，涂带黑色框的黄色正三角形的警告标志，下方为矩形补充标志。

• 颜色/字体：文字说明框为黑框白底，字体为黑体，文字为黑色，可涂反光色，警告标志的内容符号为黑色。

• 尺寸：见图 7.1-7，应符合《消防安全标志 第 1 部分》(GB 13495.1—2015)。

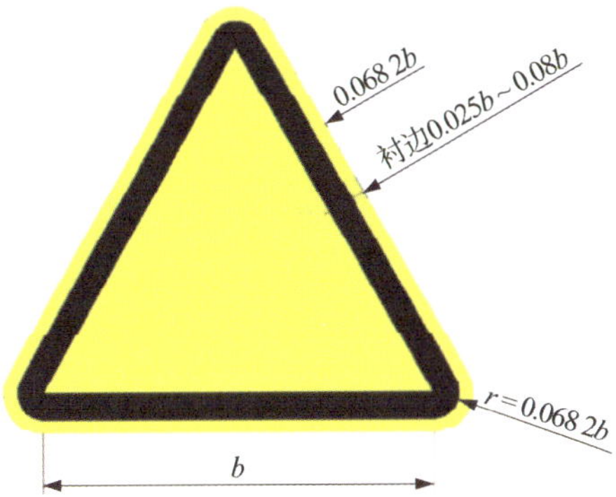

图 7.1-7 消防警告标志的尺寸要求

7.1.4.2 常用消防警告标志示例

序号	标志	名称	说明
1		当心爆炸物	警示来自爆炸物的危险，在爆炸物附近或处置爆炸物时应当心
2		当心氧化物	警示来自氧化物的危险

续　表

序号	标志	名称	说明
3		当心易燃物	警示来自易燃物质的危险
4		当心窒息	警示来自空气含量变低造成的危险

图 7.1-8　消防警告标志示例

7.2　室内消防标识

7.2.1　室内消火栓文字标志

7.2.1.1　说明

- 作用：指示厂区室内消火栓的位置。
- 适用场所：室内消火栓存放地点。
- 尺寸（推荐）：360 mm×120 mm。
- 颜色/字体：衬底为白色，文字为红色，字体为黑体。

7.2.1.2 示例

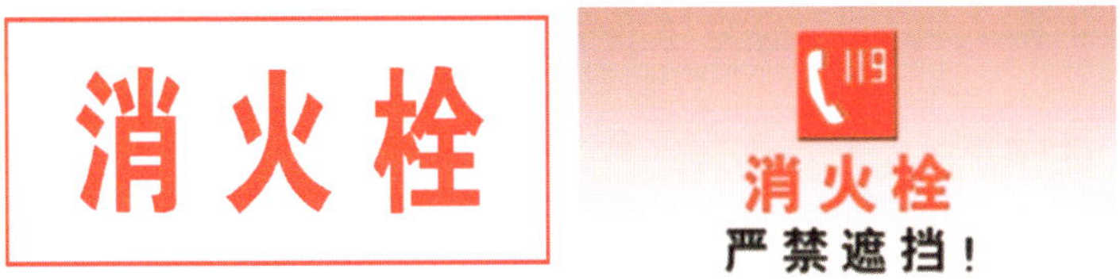

图 7.2-1 室内消火栓标志

7.2.2 灭火器地面标识

7.2.2.1 说明

• 作用：指示厂房内推车式灭火器/灭火器箱地面的位置。

• 适用场所：厂房内推车式灭火器/灭火器箱地面标识。

• 尺寸：以灭火器数量等实际情况为准。

• 颜色/字体：推车式灭火器衬底为红色；灭火器箱框线衬底为黄色，喷“禁止堆物”字样。字体均为黑体，文字为黄字。

7.2.2.2 示例

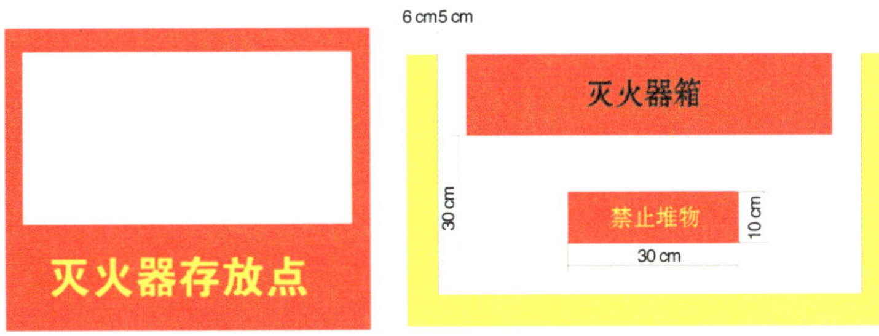

图 7.2-2 灭火器地面标识

7.3 区域消防标识

7.3.1 消防重点部位标识牌（示例）

7.3.1.1 说明

• 作用：指示消防重点部位，展示消防重点部位信息。

• 适用场所：容易发生火灾，一旦发生火灾可能严重危及人身和财产安全，以及对核安全功能有重大影响的部位。

• 尺寸（推荐）：400 mm×300 mm，特殊情况等比例缩放。

• 颜色/字体：衬底为红色，文字为白色，字体为黑体。

7.3.1.2 示例

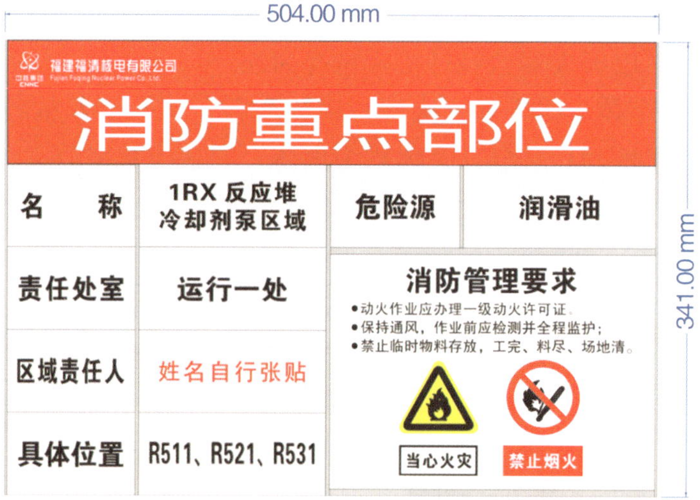

图 7.3-1　消防重点部位告示牌示意图

7.3.2 常开式防火门保持关闭标志牌（示例）

7.3.2.1 说明

- 作用：提示常开式防火门应保持关闭。
- 适用场所：生产厂房防火门。
- 尺寸（推荐）：120 mm×180 mm/厚度 2 mm。
- 颜色/字体：红底黄字和黄底红字各半边，文字为仿宋体。

7.3.2.2 示例

图 7.3-2 防火门保持关闭提示牌示意图

7.3.3 消防办证室（示例）

7.3.3.1 说明

- 作用：消防许可证办证室指示。
- 适用场所：消防许可证办证室门处。
- 尺寸（推荐）：450 mm×300 mm/厚度 30 mm。
- 颜色/字体：黑色/红色字体，文字为黑体。

7.3.3.2 示例

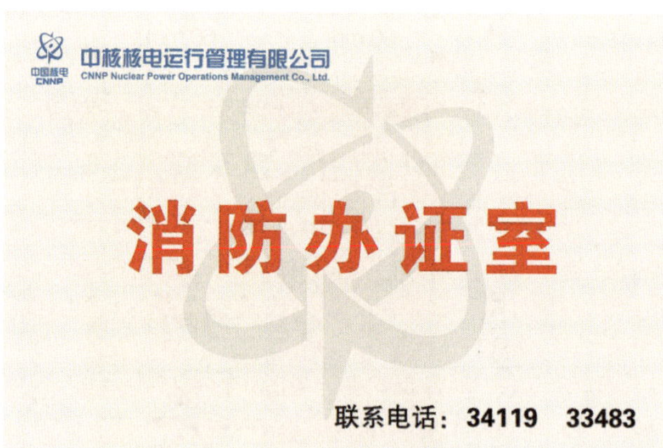

图 7.3-3 消防办证室告示牌示意图

7.3.4 现场消防行动卡存放盒（示例）

7.3.4.1 说明

- 作用：消防行动卡现场存放指示。
- 适用场所：消防行动卡现场存放处。
- 尺寸（推荐）：330 mm×240 mm/厚度 20 mm。
- 颜色/字体：文字为红色，字体为黑体。

7.3.4.2 示例

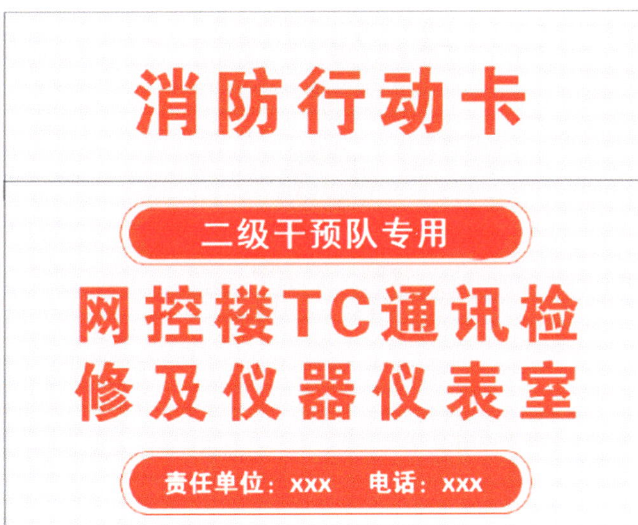

图 7.3-4 现场消防行动卡存放盒示意图

7.3.5 消防急救会合点（示例）

7.3.5.1 说明

- 作用：指示消防急救会合点。
- 适用场所：消防急救会合点。
- 尺寸（推荐）：1 000 mm×1 800 mm，地上部分/厚度 100 mm。
- 颜色/字体：按稿（推荐）。

7.3.5.2 示例

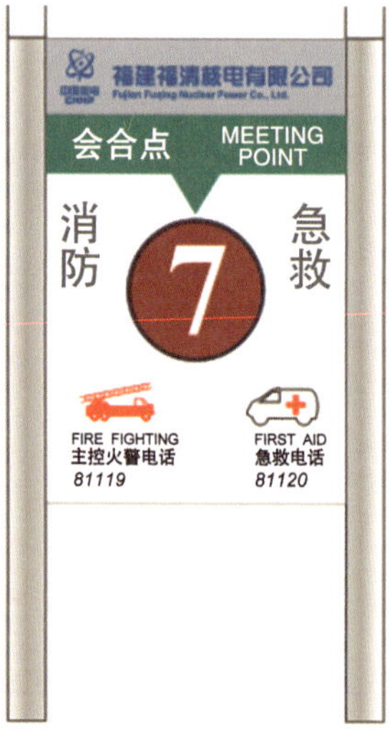

图 7.3-5 消防急救会合点示意图

7.3.6 应急消防器材增配点

7.3.6.1 说明

- 作用：指示消防系统隔离后备补偿器材的存放地点。
- 适用场所：消防系统隔离后备补偿器材存放点。
- 尺寸（推荐）：300 mm×210 mm/厚度 3 mm。
- 颜色/字体：白色衬底，红/蓝色文字，字体为黑体。

7.3.6.2 示例

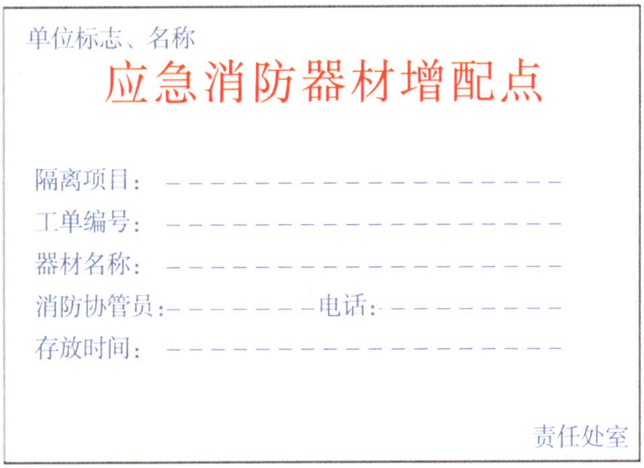

图 7.3-6 应急消防器材增配点示意图

7.3.7 固定吸烟点

7.3.7.1 说明

- 作用：指示厂区内固定吸烟点位置。
- 适用场所：厂区内固定吸烟点标志。
- 尺寸（推荐）：420 mm×300 mm/厚度 2 mm。
- 颜色/字体：红色衬底，白色文字，字体为黑体。

7.3.7.2 示例

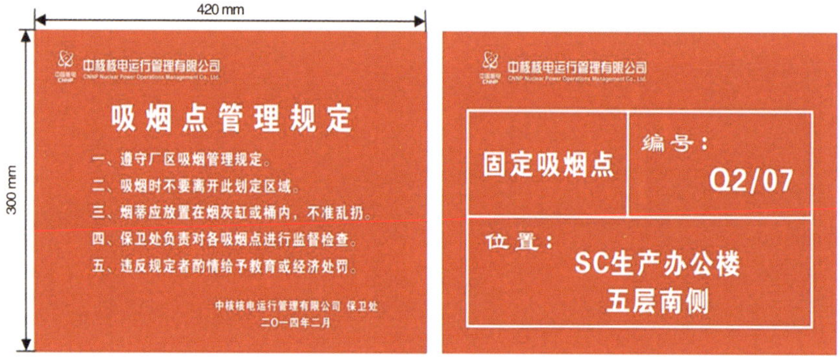

图 7.3-7　固定吸烟点示意图

7.3.8 10米内禁止烟火告示牌

7.3.8.1 说明

- 作用：指示“10米内禁止烟火”的区域。
- 适用场所：油库区、易燃易爆物品库区。
- 尺寸（推荐）：700 mm×800 mm/每块，厚度20 mm。
- 颜色/字体：白色衬底，红色文字，字体为黑体。

7.3.8.2 示例

图7.3-8 10米内禁止烟火告示牌

7.4 核电厂专职消防队消防车标识

7.4.1 消防车车身“核电消防”文字标志

7.4.1.1 说明

- 作用：指示核电厂专职消防队所属消防车辆。
- 适用场所：专职消防队消防车车身位置。
- 尺寸（推荐）：460 mm×450 mm，字体间距根据车身而定。
- 颜色/字体：黄色或红色文字，字体为黑体。

7.4.1.2 示例

图 7.4-1 消防车车身“核电消防”文字标志

7.4.2　消防车核电消防特色徽章标志

7.4.2.1　说明

• 作用：指示核电厂专职消防队所属消防车辆。

• 适用场所：专职消防队消防车车门位置。

• 尺寸：文字 460 mm×450 mm。根据实际情况可比例缩放，文字和徽章位置自由组合。

• 颜色/字体：黄色/红色文字，字体为黑体。

7.4.2.2　示例

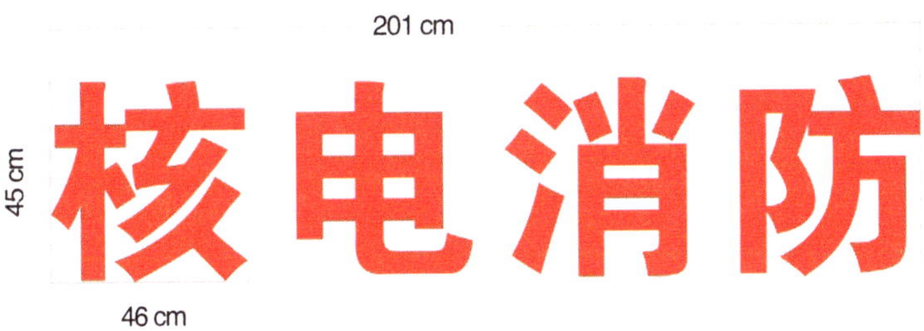

图 7.4-2　消防车核电消防文字组合标志

8　保卫标识

8.1　管理区、控制区出入提示牌

8.1.1　管理区、控制区门卫出入提示牌

8.1.1.1　说明

•作用：出入管理区、控制区的安全提示。

•安装位置：管理区、控制区大门处。

•内容：主要内容包括“出入要求”“证件检查提醒”“通行原则”等，各电厂可根据需要调整内容。

•颜色/文字：标牌底色为蓝色，图案、文字、线条为白色。

•尺寸（推荐）：900 mm×1 200 mm。

•材料：不锈钢展架，反光膜。

8.1.1.2　示例

图 8.1-1　管理区、控制区门卫出入须知提示牌

8.1.2 临时施工封闭场地出入提示牌

8.1.2.1 说明

• 作用：临时施工封闭场地出入的安全提示。

• 安装位置：临时施工封闭场地出入口处。

• 内容：主要内容包括“交通安全要求”“禁止事项”“提示内容”。各电厂可根据需要调整标牌内容。

—“交通安全标志”用于指明控制内行驶车辆必须遵守准则。

—“禁止标志”用于指明进入控制区人员不得触犯原则。

—“提示标志”用于指明进入控制区人员应遵守原则。

• 颜色/文字：标识底为白色，文字、图案应符合《安全标志及其使用导则》(GB 2894—2008) 相关要求。

• 尺寸（推荐）：900 mm×1 200 mm。

8.1.2.2 示例

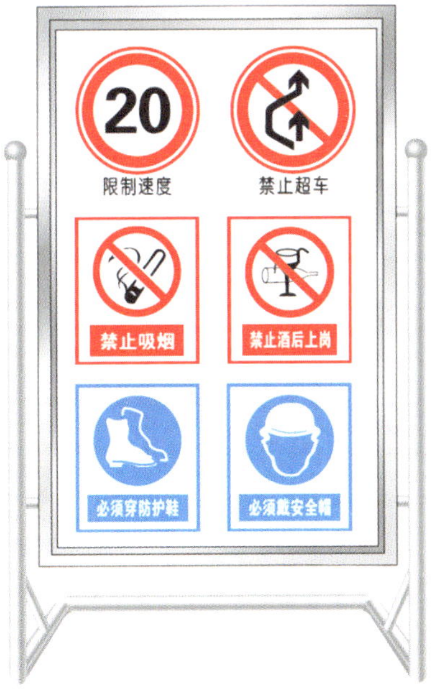

图 8.1-2 临时施工封闭场地出入提示牌

8.2 准入要求提示牌

8.2.1 读卡提示牌

8.2.1.1 说明

• 作用：用于保护区、要害区需要读卡进入处的提示。

• 安装位置：保护区、要害区需要读卡进入处。

• 内容：主要内容包括“情况处理”“联系电话”等内容。“情况处理”用于指明刷卡失败时如何寻求帮助。

• 颜色/文字：标牌底色为浅灰色，文字为黑色。

• 尺寸（推荐）：715 mm×470 mm。

8.2.1.2 示例

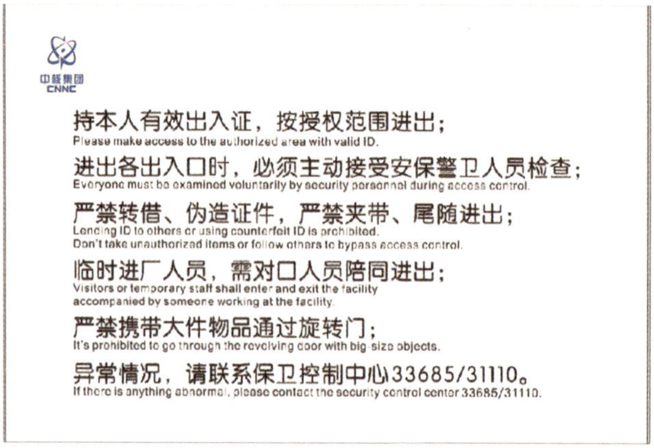

图 8.2-1 读卡提示牌示例

8.2.2 携物提示牌

8.2.2.1 说明

- 作用：提示进出电磁门的携物要求。
- 安装位置：保护区、要害区的携物通道。
- 内容：主要内容包括“联系方式”“读卡方式”“注意事项”等。
- 颜色/文字：标牌底色为浅灰色，文字为黑色。
- 尺寸（推荐）：330 mm×460 mm。

8.2.2.2 示例

图 8.2-2 携物提示牌

8.3 检查警示牌

8.3.1 检查警示牌

8.3.1.1 说明

• 作用：保护区以内有检查装置（如 X 光机等）的检查警示。

• 安装位置：保护区以内有检查装置（如 X 光机等）门岗处。

• 内容：内容包括“检查要求”“注意事项”等内容。各家电厂可根据需要，调整标牌内容。

• 颜色/文字：文字黑体红色，边框为红色线。

• 尺寸（推荐）：690 mm×400 mm。

8.3.1.2 示例

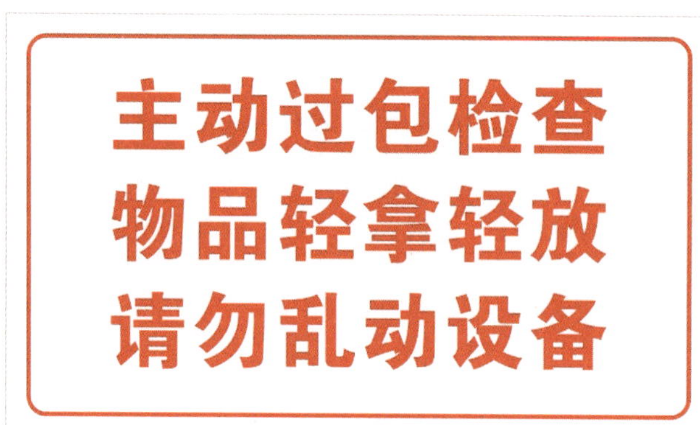

图 8.3-1 检查警示牌

8.3.2 携物检查牌

8.3.2.1 说明

• 作用：该标牌用于提醒携物进、出厂人员注意事项。

• 内容（推荐）：人员携物进、出厂的要求，各家电厂可根据要求调整标牌内容。

• 安装位置：保护、控制、管理区携物进、出厂检查处。

• 颜色/文字：标牌底色为绿色，文字白色黑体，交通标志应符合《安全标志及其使用导则》（GB 2894—2008）相关要求。

• 尺寸（推荐）：900 mm×1 200 mm。

8.3.2.2 示例

图 8.3-2 携物检查牌

8.4 门标牌

8.4.1 货运门标牌

8.4.1.1 说明

• 作用：控制区、保护区、要害区应急门（货运门）的门牌。

• 安装位置：控制区、保护区、要害区应急门（货运门）处。

• 内容：主要内容包括所处区域、门编号、保卫控制中心电话。各电厂可以根据需要调整标牌内容。

• 颜色/文字：标牌底色为蓝色，文字为白色。

• 尺寸：400 mm×300 mm。

8.4.1.2 示例

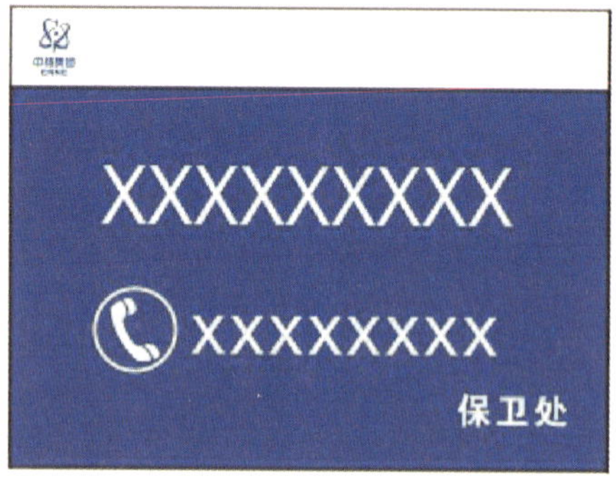

图 8.4-1 货运门门标牌（未带探测装置）

图 8.4-2 货运门标牌（带有探测装置）

8.4.2 厂房周界门标牌

8.4.2.1 说明

• 作用：指示保护区、要害区周界门的要求。

• 安装位置：该标牌适用于保护区、要害区周界门。

• 内容：主要内容包括门需要保持的状态、编号、联系电话。各电厂可根据需要调整标牌内容。

• 颜色/文字：标牌底色为蓝色，文字为白色。

• 尺寸：400 mm×300 mm。

8.4.2.2 示例

图 8.4-3 厂房周界门标牌（内侧）

图 8.4-4 厂房周界门标牌（外侧）

8.5 区域限制告示牌

8.5.1 探测区域禁止入内牌

8.5.1.1 说明

- 作用：指示探测区域禁止入内。
- 安装位置：该标牌用于周界探测区域，提示禁止事项。
- 颜色/文字：标牌底色白色，文字红色。
- 尺寸（推荐）：150 mm×80 mm。

8.5.1.2 示例

图 8.5-1 探测区域禁止入内牌

8.5.2 区域提示牌

8.5.2.1 说明

- 作用：前方进入区域提示。
- 安装位置：该标牌用于区域读卡进入处。
- 内容：主要内容包括前方区域名称和注意事项。
- 颜色/文字：标牌底色为红色，边框为白色，文字为白色。

8.5.2.2 示例

图 8.5-2 区域提示牌

8.5.3 区域禁止拍照牌

8.5.3.1 说明

- 作用：指示关键敏感区域禁止拍照录像。
- 安装位置：该标牌用于关键敏感区域，提示禁止事项。
- 颜色/文字：标牌底色为红色，边框为白色，文字为白色。
- 尺寸（推荐）：400 mm×200 mm。

8.5.3.2 示例

图 8.5-3 区域禁止拍照牌

8.6 厂区道路交通安全标志

8.6.1 交通警告标志牌

8.6.1.1 说明

• 作用：警告车辆驾驶人和行人前方有危险，道路使用者需谨慎行动。

• 颜色/字体：警告标志颜色为黄底、黑边、黑图形。

• 形状：为等边三角形或矩形，三角形的顶角朝上。

• 尺寸：见图 8.6-1 和表 8.6-1，应符合《安全标志及其使用导则》(GB 2894—2008)。

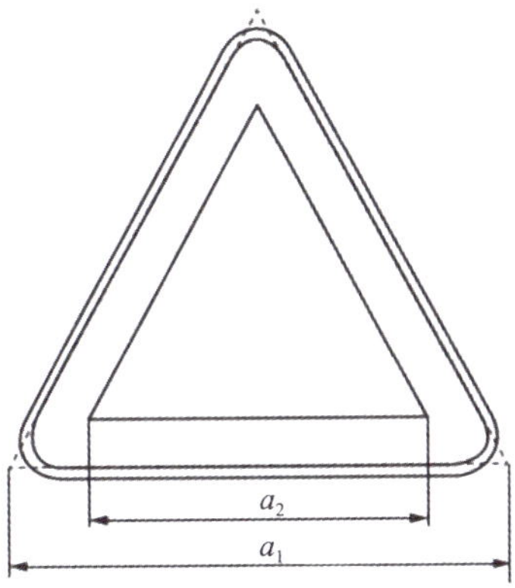

外边a_1= 0.034L

内边a_2= 0.700 0a_1

边框外角的圆弧半径r = 0.080a_2

L为观察距离

图 8.6-1 警告标志的尺寸要求

表 8.6-1 警告标志尺寸与速度的关系

速度/（km/h）	100～200	71～99	40～70	＜40
三角形边长（A）/cm	130	110	90	70
黑边宽度（B）/cm	9	8	6.5	5
黑边圆角半径（R）/cm	6	5	4	3
衬边宽度（C）/cm	1.0	0.8	0.6	0.4

8.6.1.2 示例

编号	图形标志	名称	标志种类	设置范围和地点
1		十字交叉	交叉路口标志	设在平面交叉路口驶入路段的适当位置
2		T形交叉	交叉路口标志	设在平面交叉路口驶入路段的适当位置
3		T形交叉	交叉路口标志	设在平面交叉路口驶入路段的适当位置
4		T形交叉	交叉路口标志	设在平面交叉路口驶入路段的适当位置
5		Y形交叉	交叉路口标志	设在平面交叉路口驶入路段的适当位置
6		环形交叉	交叉路口标志	设在平面交叉路口驶入路段的适当位置
7		向右急转弯	急转弯标志	设置位置为曲线起点的外面，但不应进入相邻的圆曲线内
8		向左急转弯	急转弯标志	设置位置为曲线起点的外面，但不应进入相邻的圆曲线内
9		两侧变窄	窄路标志	设在双车道路面宽度缩减为6 m以下的路段起点前方，如北洞口

续 表

编号	图形标志	名称	标志种类	设置范围和地点
10		双向通行	双向交通标志	设在有双向分离行驶，因某种原因出现临时性或永久性的不分离双向行驶的路段，或由单向行驶进入双向行驶的路段以前适当位置
11		注意行人	注意行人标志	设在行人密集，或不易被驾驶员发现的人行横道线以前的适当位置
12		堤坝路	堤坝路标志	设在沿水库、湖泊和河流等堤坝道路以前适当位置
13		隧道	隧道标志	设在双向行驶且照明不好的隧道口前适当位置
14		注意非机动车	注意非机动车标志	设在经常有非机动车横穿、出入的地点前适当位置
15		慢行	慢行标志	设在前方道路发生特殊情况，影响行车安全的路段以前适当位置
16		注意危险	注意危险标志	设在以上标志不能包括的其他危险路段以前适当位置
17		施工	施工标志	用以告示前方道路施工，车辆应减速慢行或绕道行驶（临时）

8.6.2 交通禁令标志牌

8.6.2.1 说明

• 作用：禁令标志表示禁止、限制及相应解除的含义，道路使用者应严格遵守。

• 颜色/字体：除个别标志外，为白底、红圈、红杠、黑图形。图形压杠。

• 尺寸/形状：禁令标志的形状为圆形，但“停车让行标志”为八角形，“减速让行标志”为顶角向下的倒等边三角形，标志牌尺寸见图 8.6-2 和表 8.6-2，应符合《安全标志及其使用导则》（GB 2894—2008）。

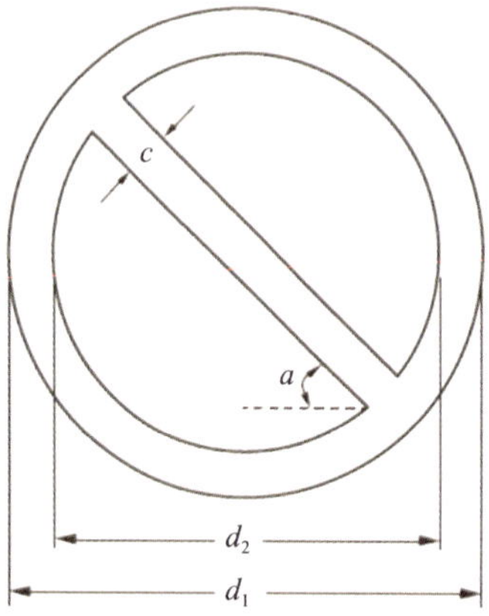

外径d_1= 0.025L

外径d_2= 0.800d_1

斜杠宽c=0.080d_1

斜杠与水平面的夹角a=45°

L为观察距离

图 8.6-2 交通禁令标志的尺寸要求

表 8.6-2 交通禁令标志尺寸与速度的关系

速度/（km/h）		100～200	71～99	40～70	＜40
圆形标志/cm	标志外径（D）	120	100	80	60
	红框宽度（a）	12	10	8	6
	红框宽度（b）	9	7.5	6	4.5
	衬边宽度（c）	1.0	0.8	0.6	0.4
三角形标志（减速让行标志）/cm	三角形边长（a）	—	—	90	70
	红边宽度（b）	—	—	9	7
	衬边宽度（c）	—	—	0.6	0.4

续　表

速度/（km/h）		100～200	71～99	40～70	<40
八角形标志（停车让行标志）/cm	标志外径（*D*）	—	—	80	60
	白边宽度（*b*）	—	—	3.0	2.0
矩形标志（区域限制和解除标志）/cm	长（*a*）	—	—	120	90
	宽（*b*）	—	—	170	130
	黑边框宽度（*c*）	—	—	3	2
	衬边宽度（*d*）	—	—	0.6	0.4

交通标志设置特别说明：

• 交通标志以确保交通畅通和行车安全为目的，应结合道路线形、交通状况沿线设施等情况，根据交通标志的不同种类来设置，以便向道路使用者提供正确的、及时的信息，使其通过交通标志的引导，顺利、快捷地抵达目的地，不允许发生错向行驶。

• 交通标志的设置应进行总体布局，防止出现信息不足或过载的现象。对于重要的信息应给予重复显示的机会。

• 交通标志的设置应充分考虑道路使用者的行动特性，即充分考虑在动态条件下发现、判读标志及采取行动的时间和前置距离。

• 交通标志应设在车辆行进正面方向最容易看见的地方。可根据具体情况设置在道路右侧、中央分隔带或车行道上方。

• 路侧式标志应尽量减少标志板面对驾驶员的眩光。在装设时，应尽可能与道路中线垂直或成一定角度；禁令和指示标志为0°～45°，指路和警告标志为0°～10°。

8.6.2.2 示例

编号	图形标志	名称	标志种类	设置范围和地点
1		禁止通行	禁止通行标志	设在禁止通行的道路入口附近
2		禁止驶入	禁止驶入标志	设在禁止驶入的路段入口明显之处
3		禁止机动车驶入	禁止机动车驶入标志	设在禁止机动车驶入路段的入口处
4		禁止载货汽车驶入	禁止载货汽车驶入标志	设在禁止载货汽车驶入路段的入口处
5		禁止大型客车驶入	禁止大型（小型）客车驶入标志	设在禁止大型（或小型）客车驶入路段的入口处，如BX楼
6		禁止摩托车驶入	禁止摩托车驶入标志	设在禁止摩托车驶入路段的入口处
7		禁止非机动车进入	禁止非机动车进入标志	设在禁止非机动车进入路段的入口处
8		禁止向右转弯	禁止向右转弯标志	设在禁止向右转弯的路口以前适当位置

续 表

编号	图形标志	名称	标志种类	设置范围和地点
9		禁止向左转弯	禁止向左转弯标志	设在禁止向左转弯的路口以前适当位置
10		禁止直行	禁止直行标志	设在禁止直行的路口以前适当位置
11		禁止向左向右转弯	禁止向左向右转弯标志	设在禁止向左向右转弯的路口以前适当位置
12		禁止直行和向左转弯	禁止直行和向左转弯标志	设在禁止直行和向左转弯的路口以前适当位置
13		禁止直行和向右转弯	禁止直行和向右转弯标志	设在禁止直行和向右转弯的路口以前适当位置
14		禁止掉头	禁止掉头标志	设在禁止机动车掉头路段的起点和路口以前适当位置
15		禁止超车	禁止超车标志	设在禁止超车路段的起点
16		禁止停车	禁止车辆临时或长时停车标志	设在禁止车辆停、放的地方（使用全路段）
17		禁止长时停车	禁止长时停车标志	设在禁止车辆长时停、放的地点

续　表

编号	图形标志	名称	标志种类	设置范围和地点
18		禁止鸣喇叭	禁止鸣喇叭标志	设在需要禁止车辆鸣喇叭的地点如办公楼
19		限制宽度	限制宽度标志	设在最大容许宽度受限制的地方
20		限制高度	限制高度标志	设在最大允许高度受限制的地点
21		限制质量	限制质量标志	设在需要限制车辆质量的桥梁两端
22		限制速度	限制速度标志	设在需要限制车辆速度的路段的起点
23		停车检查	停车检查标志	设在需要机动车停车接受检查的地点
24		停车让行	停车让行标志	表示车辆应在停止线停车瞭望，确认安全后，方可通行
25		减速让行	减速让行标志	设于交叉口次要道路路口

8.6.3 交通指示标志牌

8.6.3.1 说明

• 作用：表示指示车辆、行人行进的含义，道路使用者应遵循。

• 颜色/字体：除个别标志外，为蓝底白图形。

• 形状和尺寸：指示标志的形状为圆形、长方形和正方形。标志牌尺寸见图 8.6-3 和表 8.6-3，应符合《安全标志及其使用导则》(GB 2894—2008)。

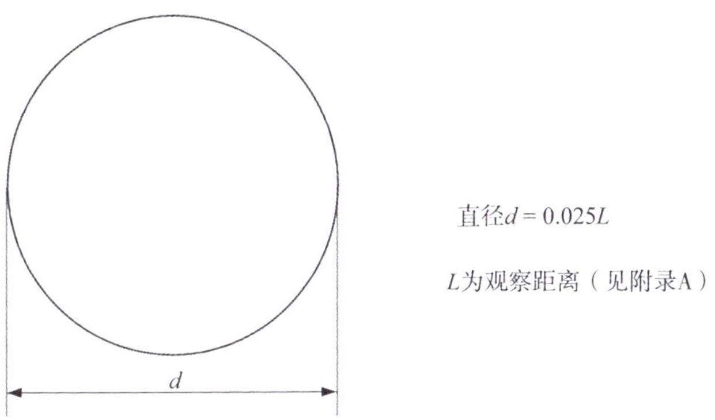

图 8.6-3 交通指示标志的尺寸要求

表 8.6-3 指示标志尺寸与速度的关系

速度/（km/h）	100～200	71～99	40～70	＜40
圆形（直径 D）/cm	120	100	80	60
正方形（边长 A）/cm	120	100	80	60
长方形（边长 A×B）/cm	190×140	160×120	140×100	—
单行线标志（长方形 A×B）/cm	120×60	100×50	80×40	60×30
会车先行标志（正方形 A）/cm	—	—	80	60
衬边宽度 C/cm	1.0	0.8	0.6	0.4

8.6.3.2 示例

编号	图形标志	名称	标志种类	设置范围和地点
1		向左转弯	向左转弯标志	设在车辆应向左转弯的路口以前适当位置
2		向右转弯	向右转弯标志	设在车辆应向右转弯的路口以前适当位置
3		直行和向左转弯	直行和向左转弯	设在车辆应直行和向左转弯的路口以前适当位置
4		直行和向右转弯	直行和向右转弯标志	设在车辆应直行和向右转弯的路口以前适当位置
5		向左和向右转弯	向左和向右转弯标志	设在车辆应向左和向右转弯的路口以前适当位置
6		靠右侧道路行驶	靠右侧道路行驶标志	设在车辆应靠右侧道路行驶的地方
7		靠左侧道路行驶	靠左侧道路行驶标志	设在车辆应靠左侧道路行驶的地方
8		人行横道	人行横道标志	设在人行横道两端适当位置
9		停车位	停车位标志	表示机动车允许停放的区域

8.6.4 指路标志

8.6.4.1 说明

• 作用：表示道路信息的指引，为驾驶者提供去往目的地所经过的道路、沿途相关城镇、重要公共设施、服务设施、地点、距离和行车方向灯信息。

• 颜色：除特别说明外，一般道路指路标志为蓝底、白图形、白边框、蓝色衬边。

• 形状：除个别标志外，一般为长方形或正方形。

8.6.4.2 示例

编号	图形标志	名称	标志种类	设置范围和地点
1		十字交叉口	十字交叉口标志	设在距前交叉口前300～500 m处（如道路较短，应设在十字交叉口以前适当位置）
2		十字交叉口	十字交叉口标志	设在距前交叉口前300～500 m处（如道路较短，应设在十字交叉口以前适当位置）
3		线性诱导	线性诱导标志	设于一般道路上易发生事故的弯道、小半径匝道曲线外侧、视线不好的T型交叉口等处

附录 A　观察距离 L 的确定方法及示例

观察距离应根据标识的设置地点和观察地点来确定：

• 如图 A-a 所示，如果将标识设在 A 处，要求对门口的观察者保持良好的醒目度，那么观察距离 L 为门口观察者的眼睛至标识的距离。

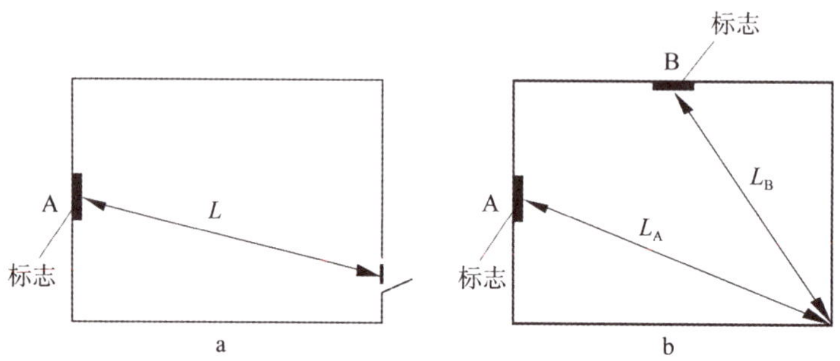

图 A　设置标志的房间平面图

• 如果要求标识对房间内任何位置站立的观察者皆保持良好的醒目度，那么应找出最大的观察距离 L，即为房间内离标识最远位置的观察者的眼睛至标识的距离。如图 A-b 所示，如果标识设在 A 处，那么最大观察距离为 L_A；如果标识设在 B 处，那么最大观察距离为 L_B。

附录 B 安全标识的尺寸
（非交通标识尺寸）

安全标识的尺寸（参考件）

单位：m

型号	观察距离 L	正方形标识的边长 a 长方形标识的短边 a	圆环标识的内径 d_1	三角形标识的内边 a
1	$0<L\leqslant2.5$	0.063	0.070	0.088
2	$2.5<L\leqslant4.0$	0.100	0.110	0.140
3	$4.0<L\leqslant6.3$	0.160	0.175	0.220
4	$6.3<L\leqslant10.0$	0.250	0.280	0.350
5	$10.0<L\leqslant16.0$	0.400	0.450	0.560
6	$16.0<L\leqslant25.0$	0.630	0.700	0.880
7	$25.0<L\leqslant40.0$	1.000	1.110	1.400